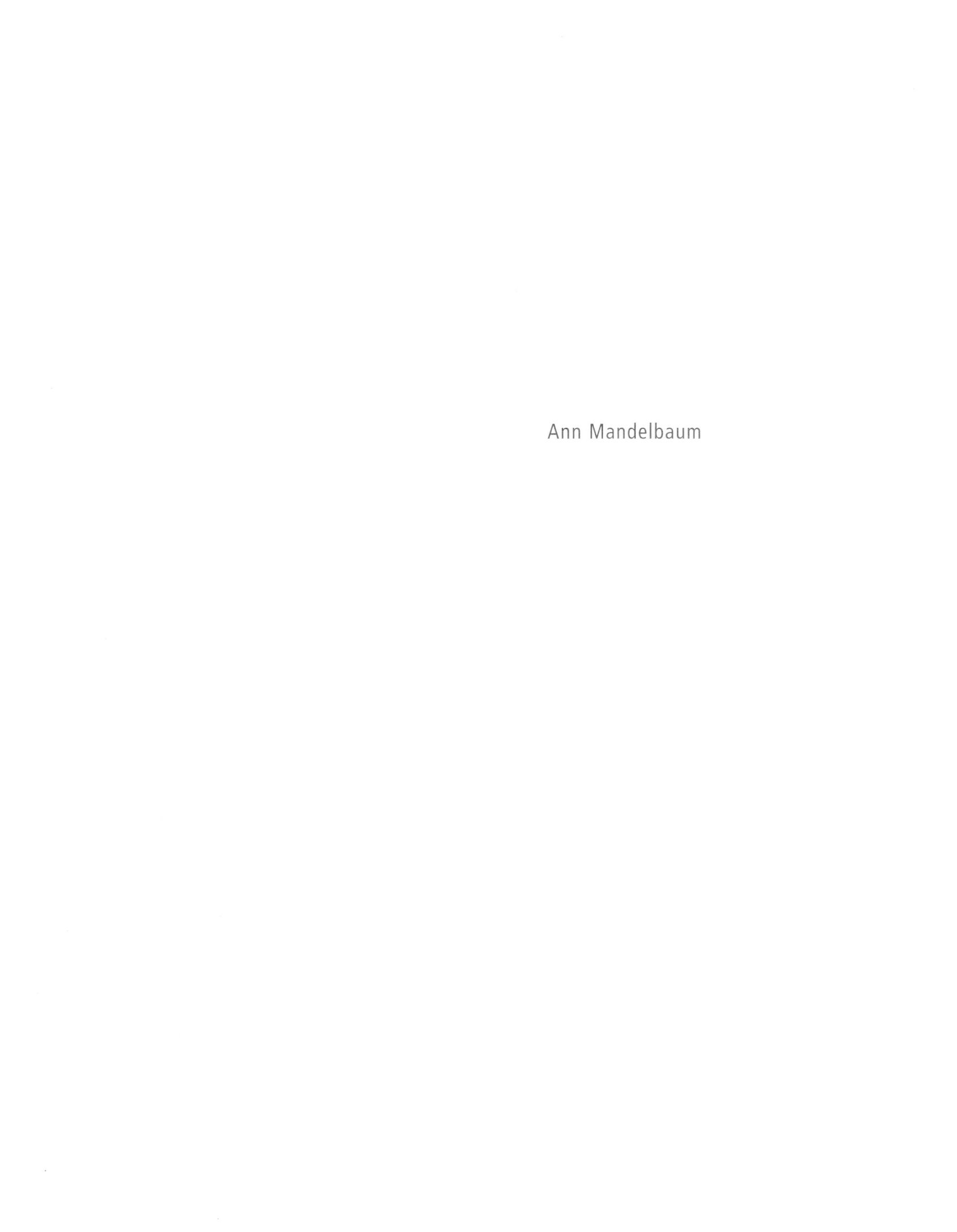
Ann Mandelbaum

Ann Mandelbaum Thin Skin

herausgegeben von Peter Weiermair

mit Texten von
Victoria Combalia
Beate Ermacora
Annett Reckert
Peter Weiermair

Canal de Isabel II, Madrid
Kunsthalle Göppingen
Kunstmuseum Mülheim an der Ruhr

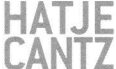

8	**Photographs I**
16	**Photographs II**
34	**Video Stills**
42	**Photographs III**
56	**Body Casts**
66	**Sculpture**
82	**Photographs IV**
98	**Relief Drawings**
110	**Photographs V**
125	**Legitime Erbin des Surrealismus** Peter Weiermair
128	**Bricolage mit Körper und Seele** Victoria Combalia
132	**White Sites** Annett Reckert
136	**Der Körper als Terra incognita** Beate Ermacora
140	**Werkliste**

Abbildungen

Photographs I

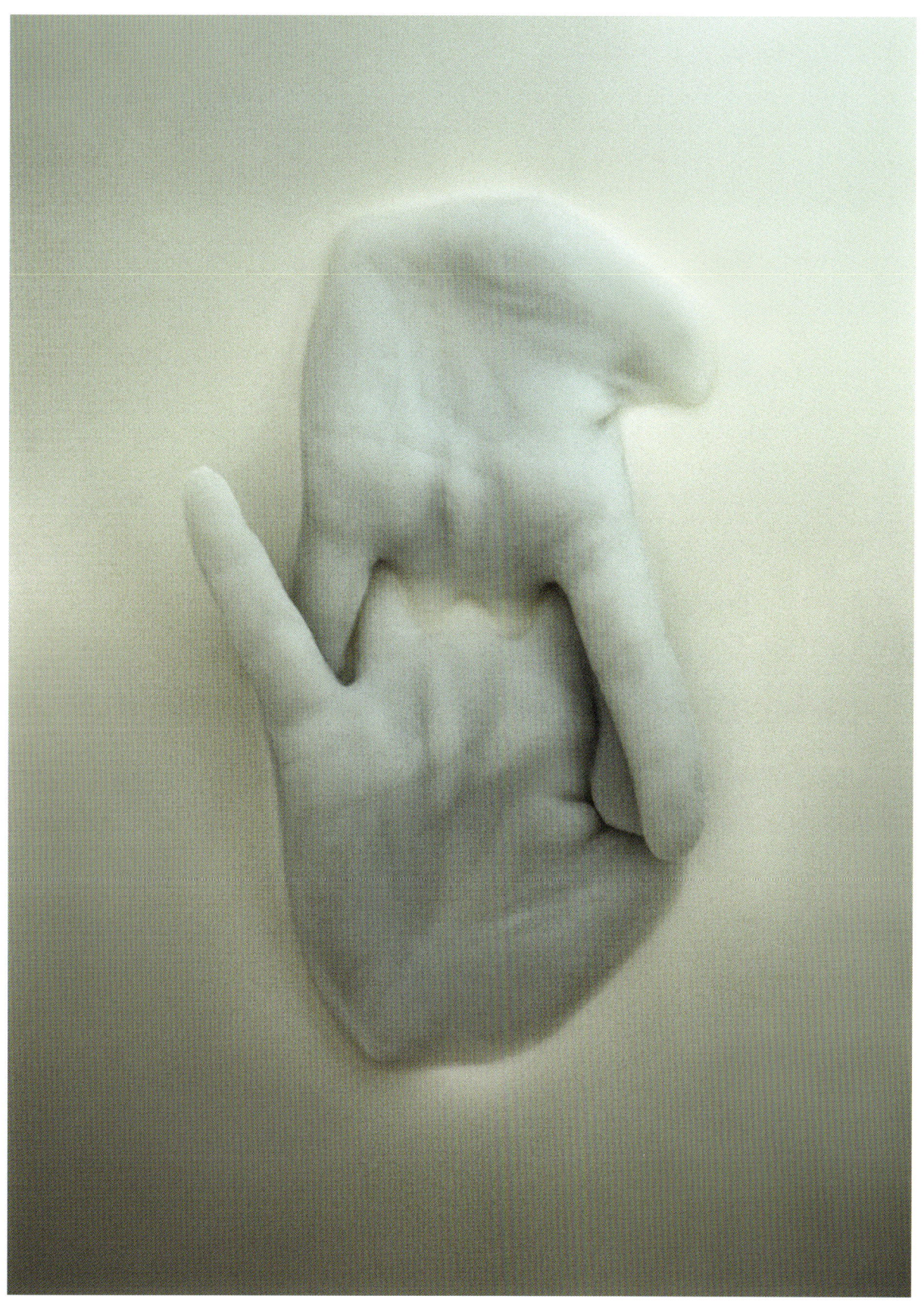

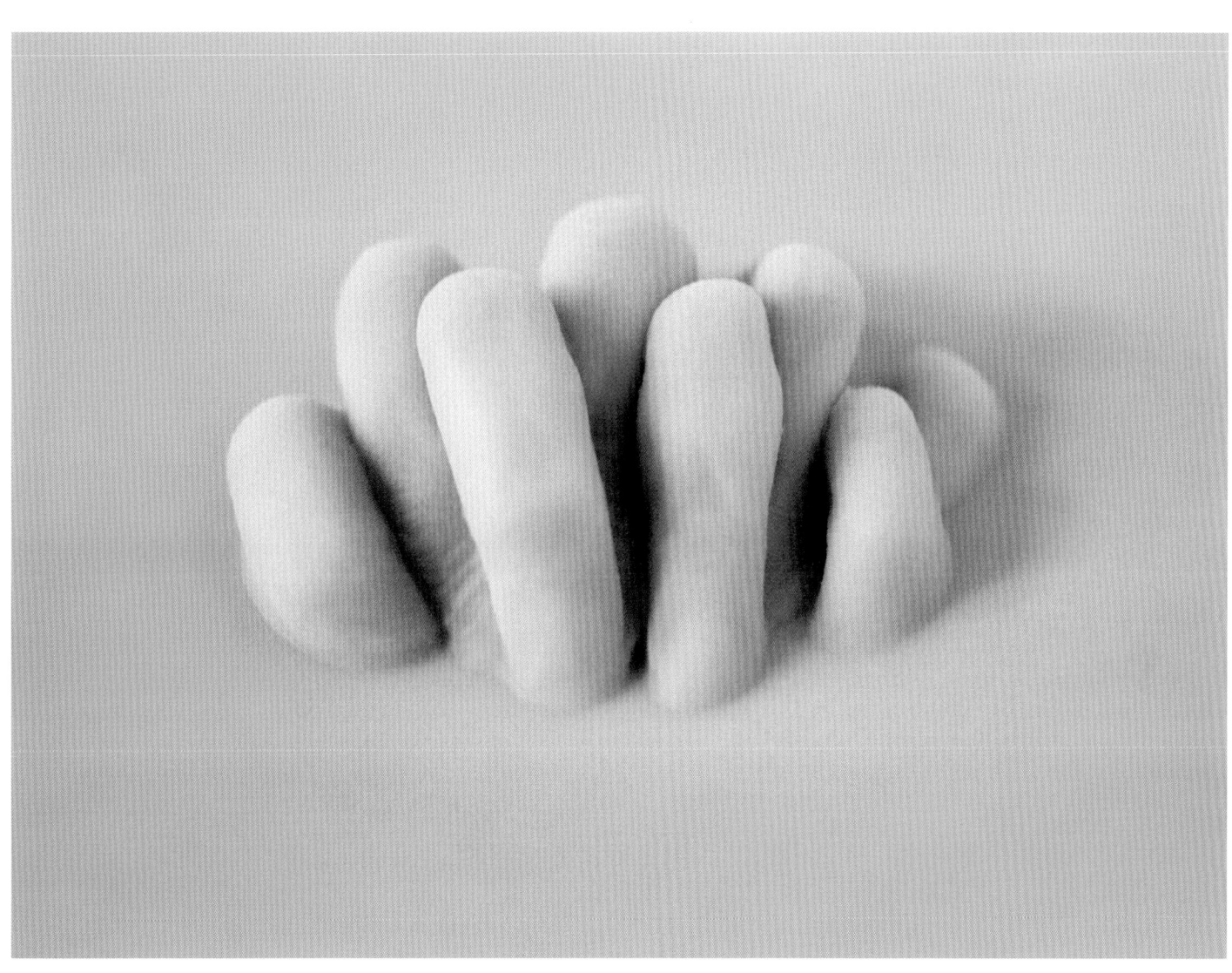

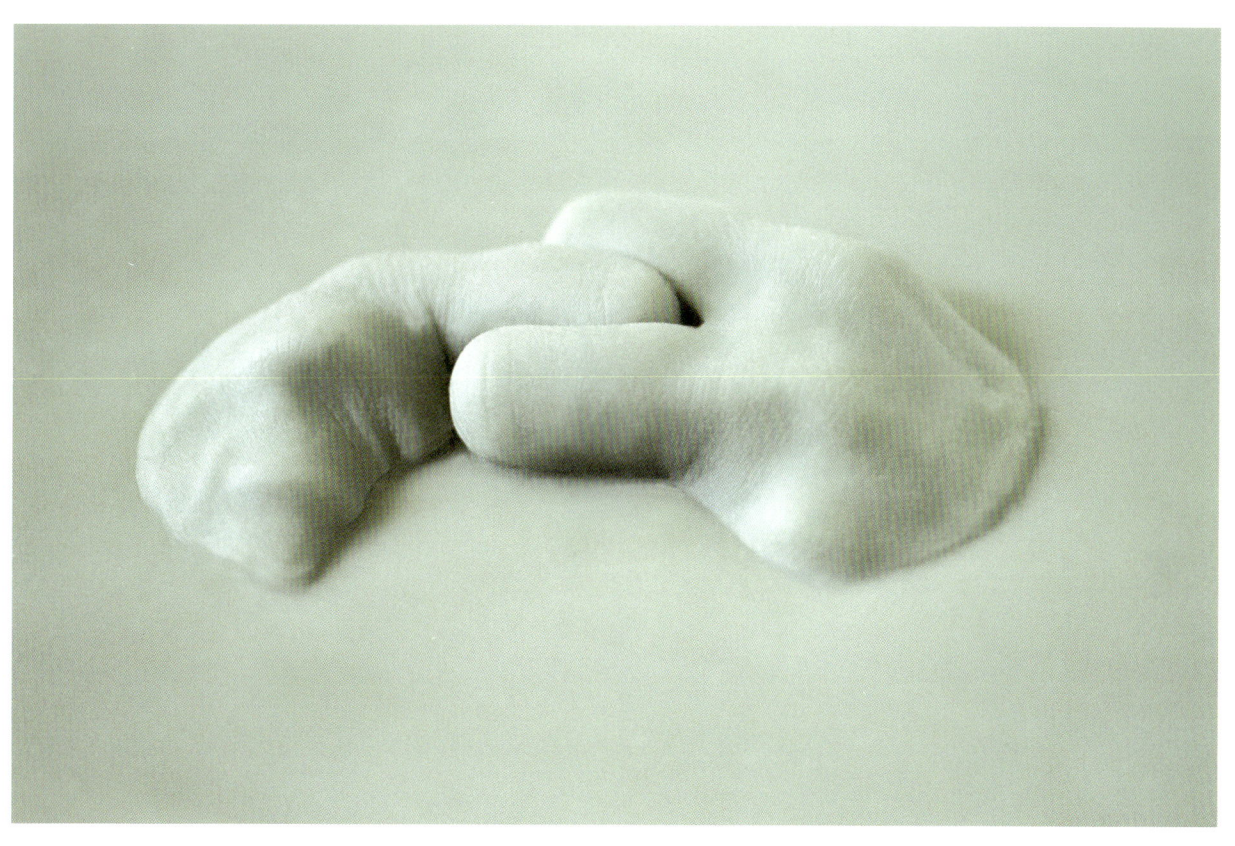

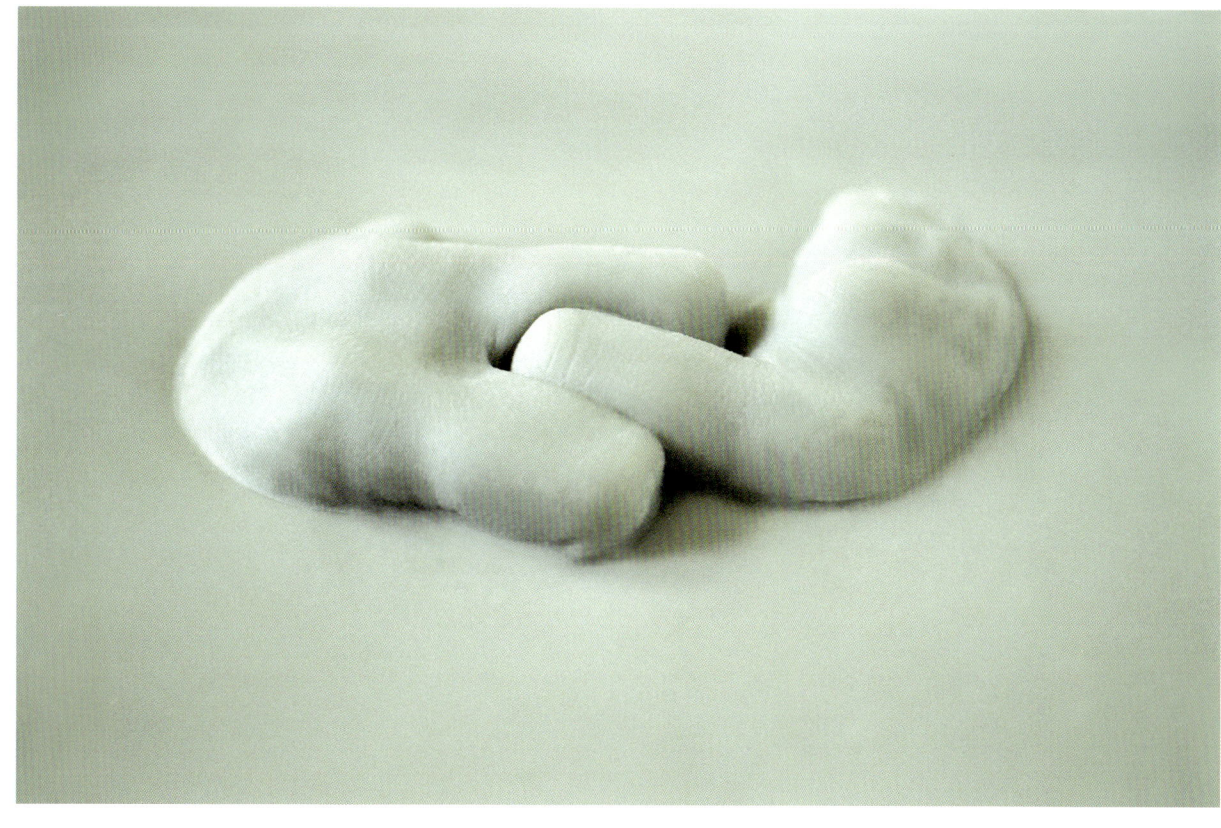

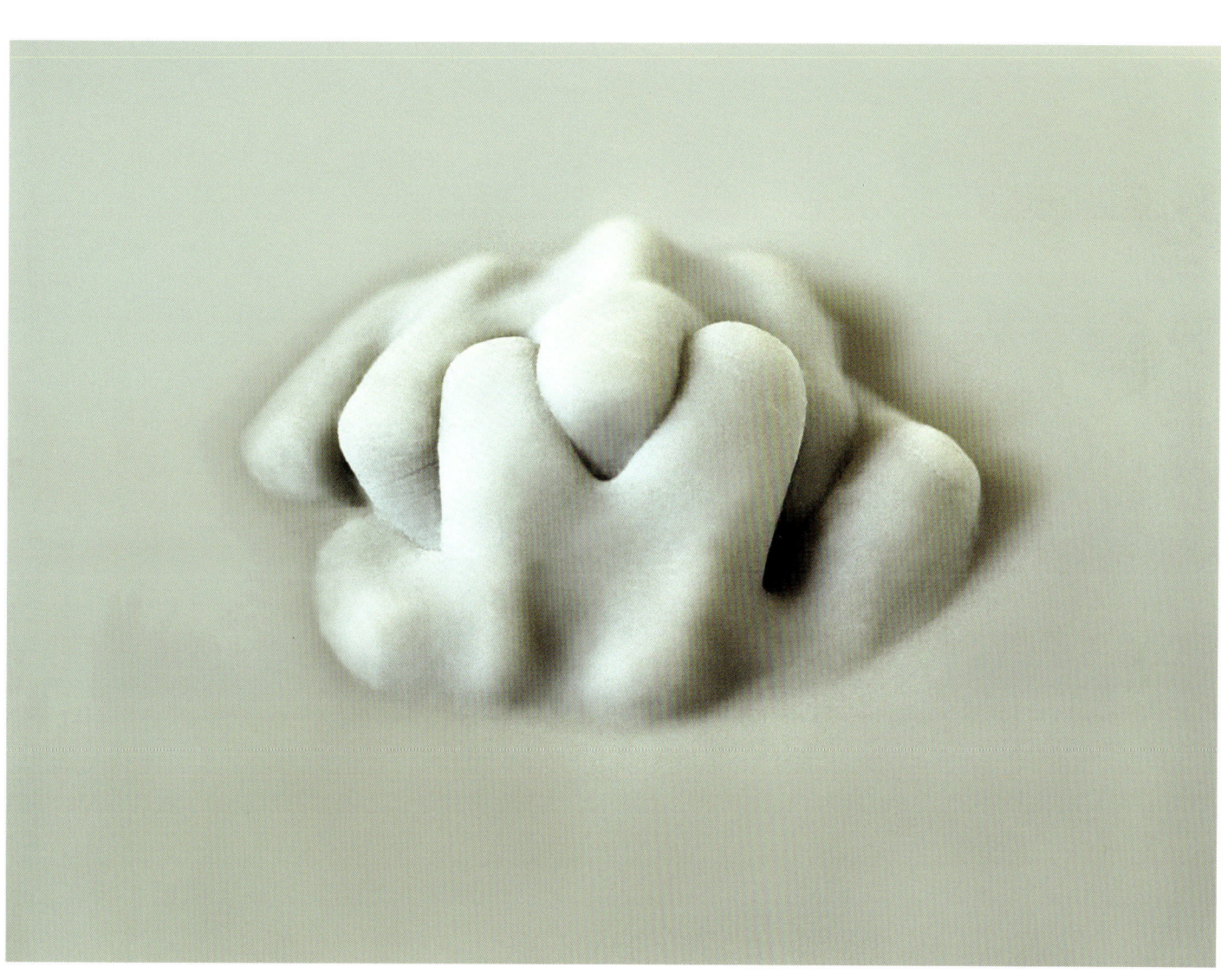

Photographs II

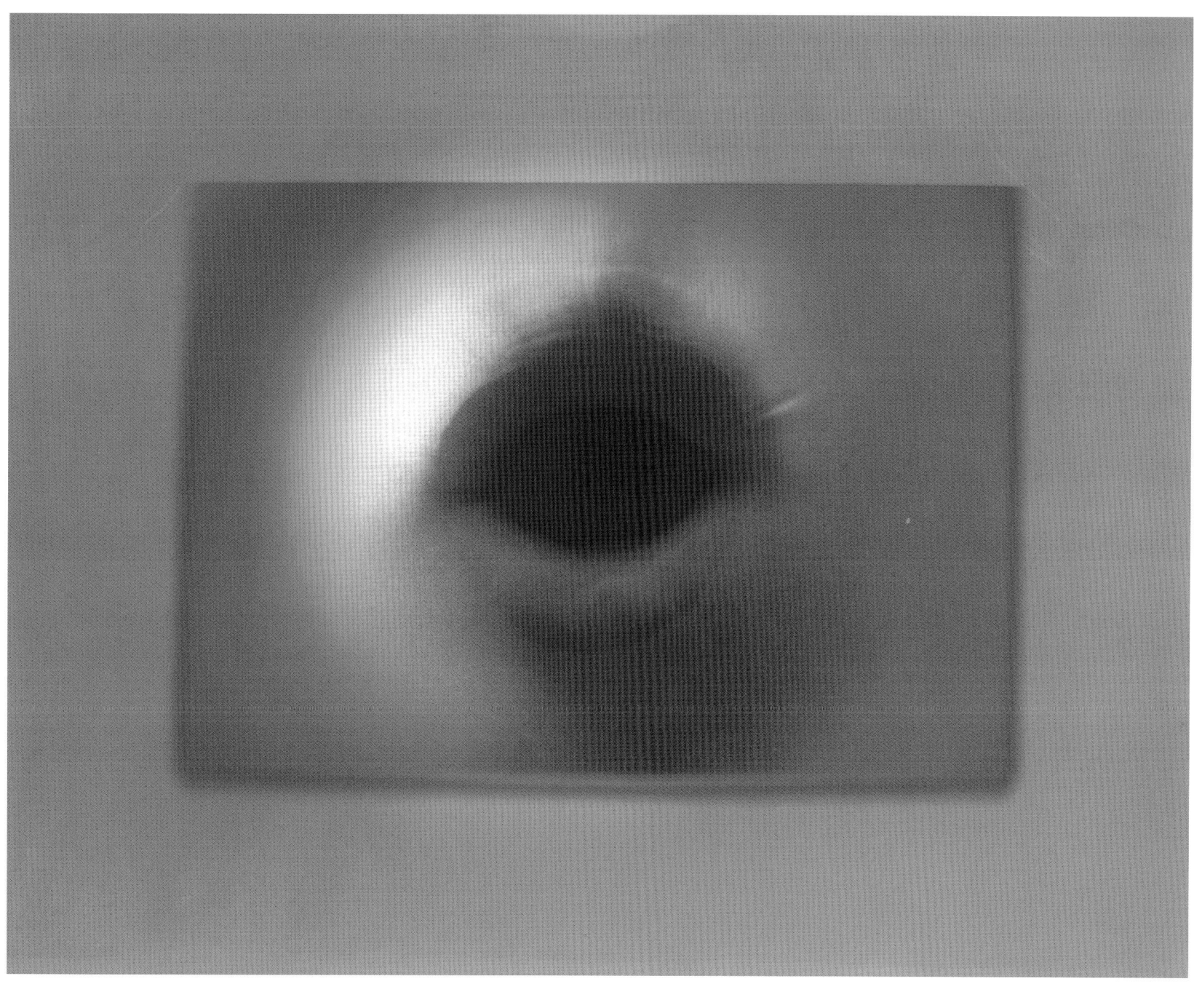

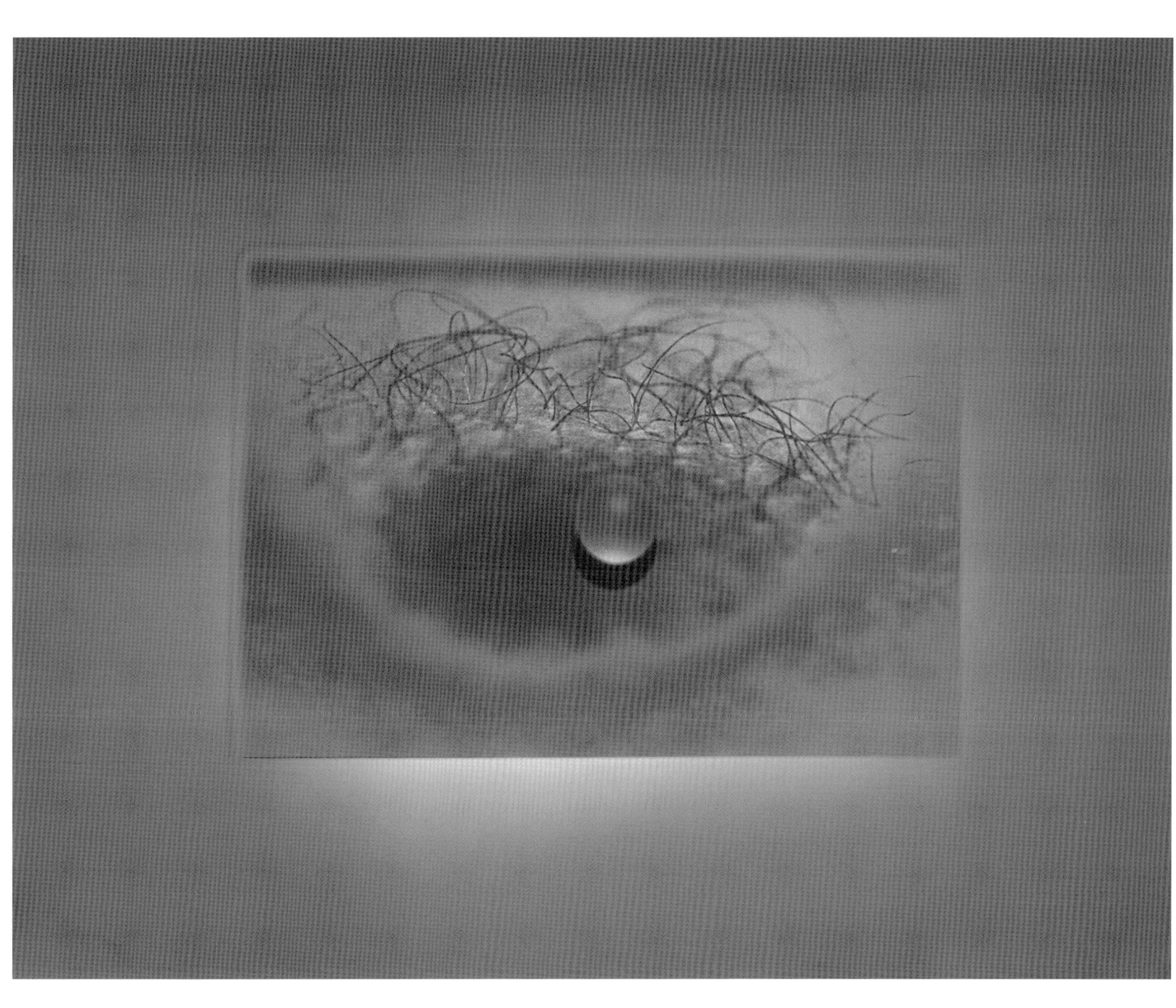

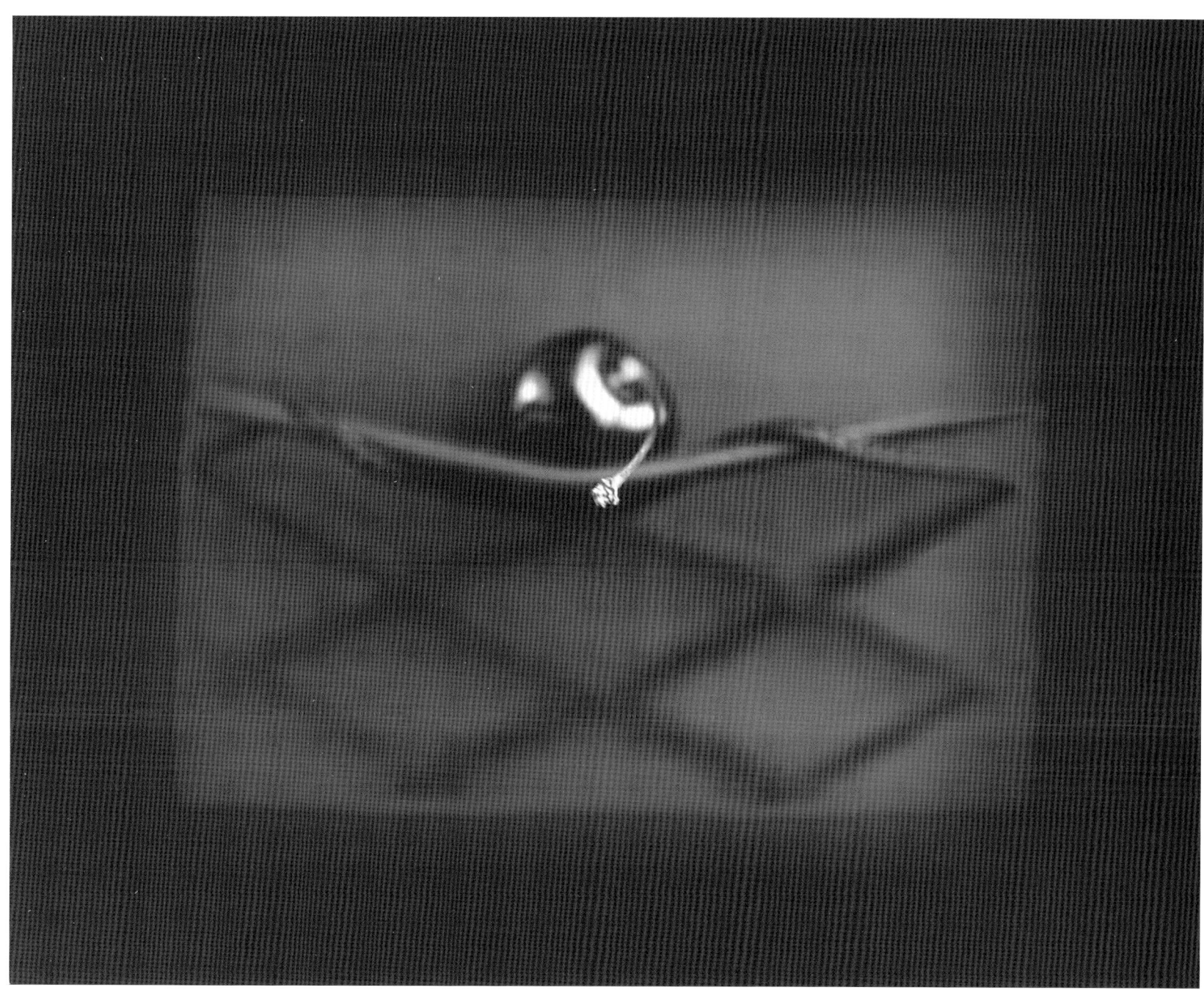

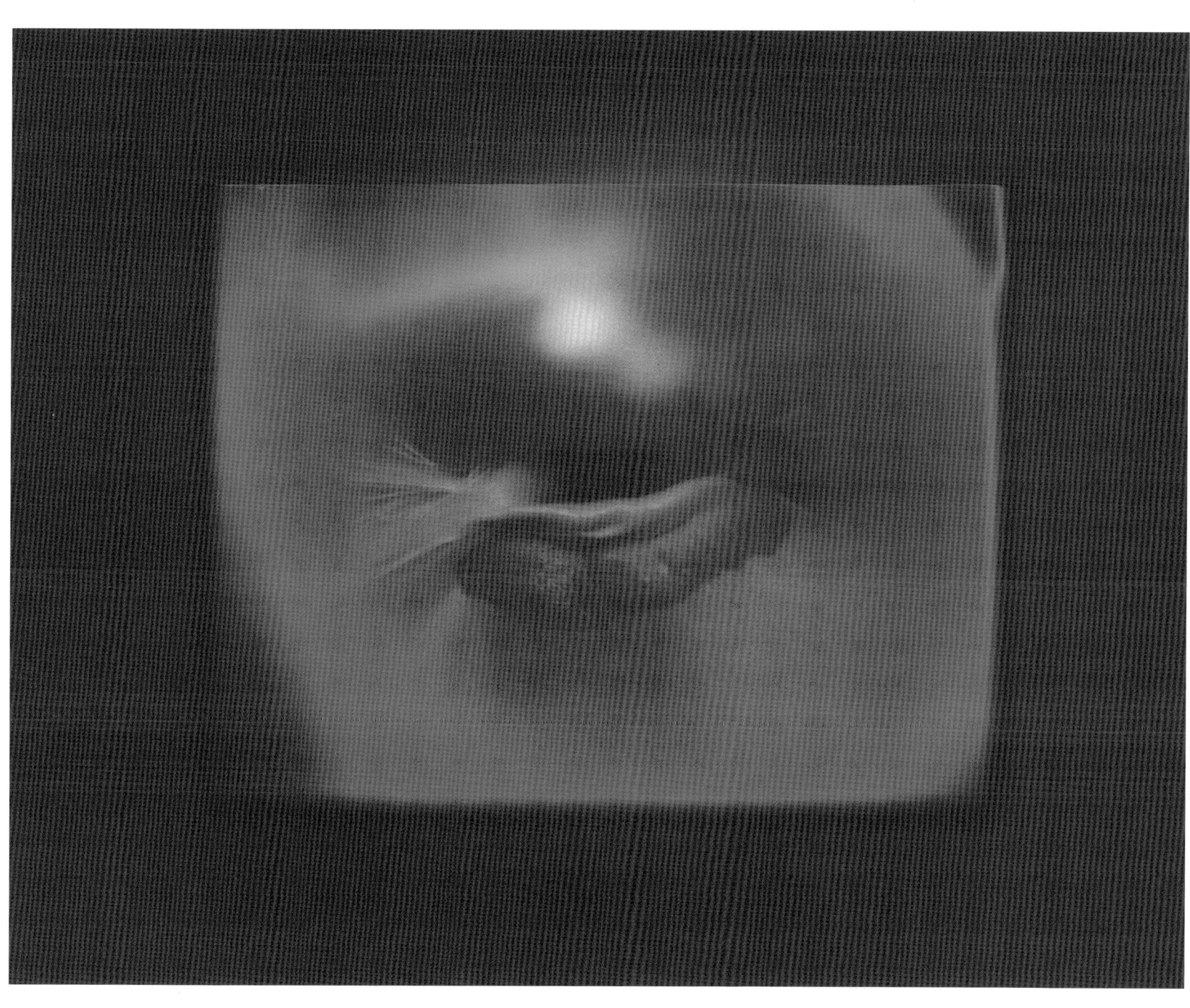

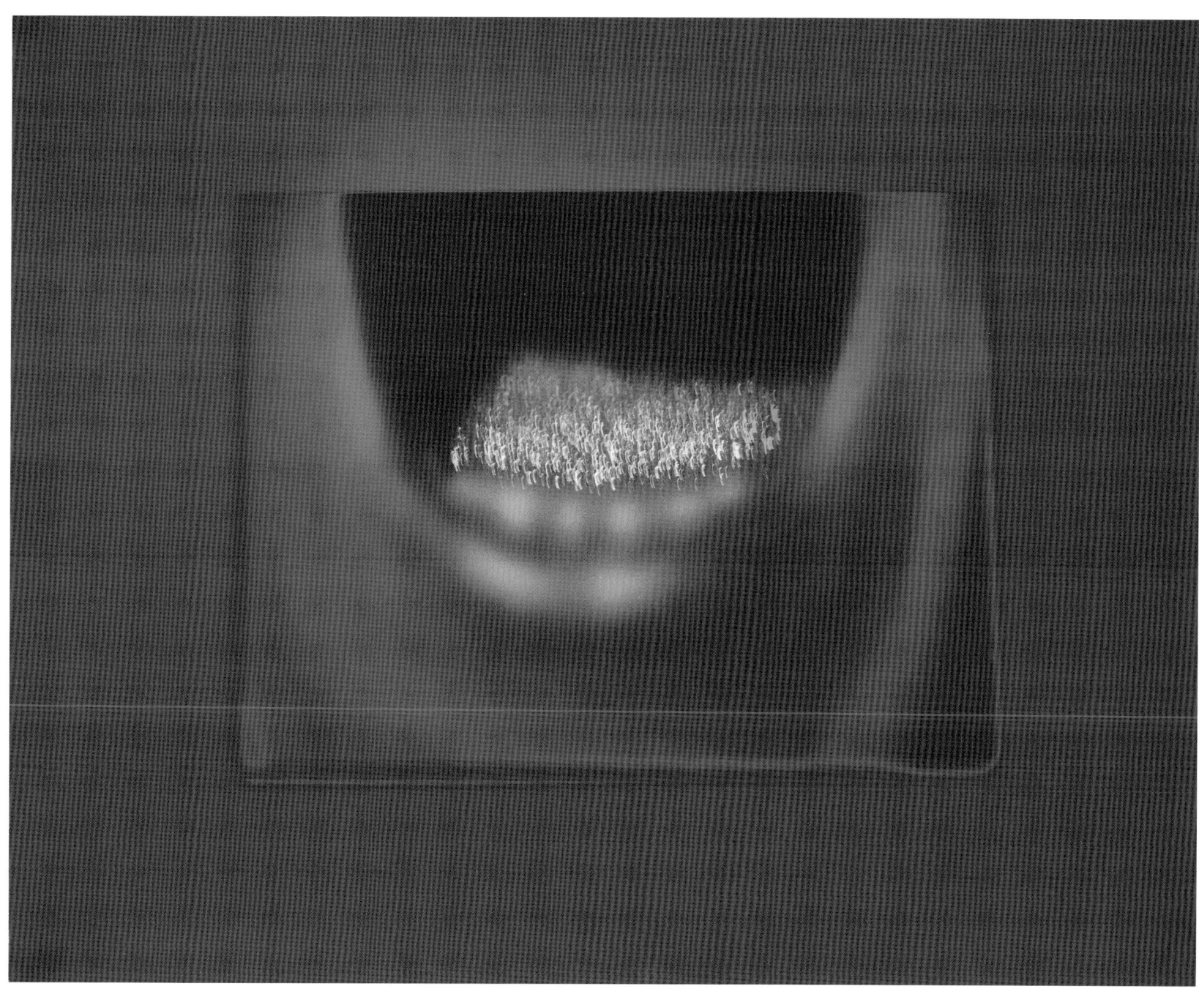

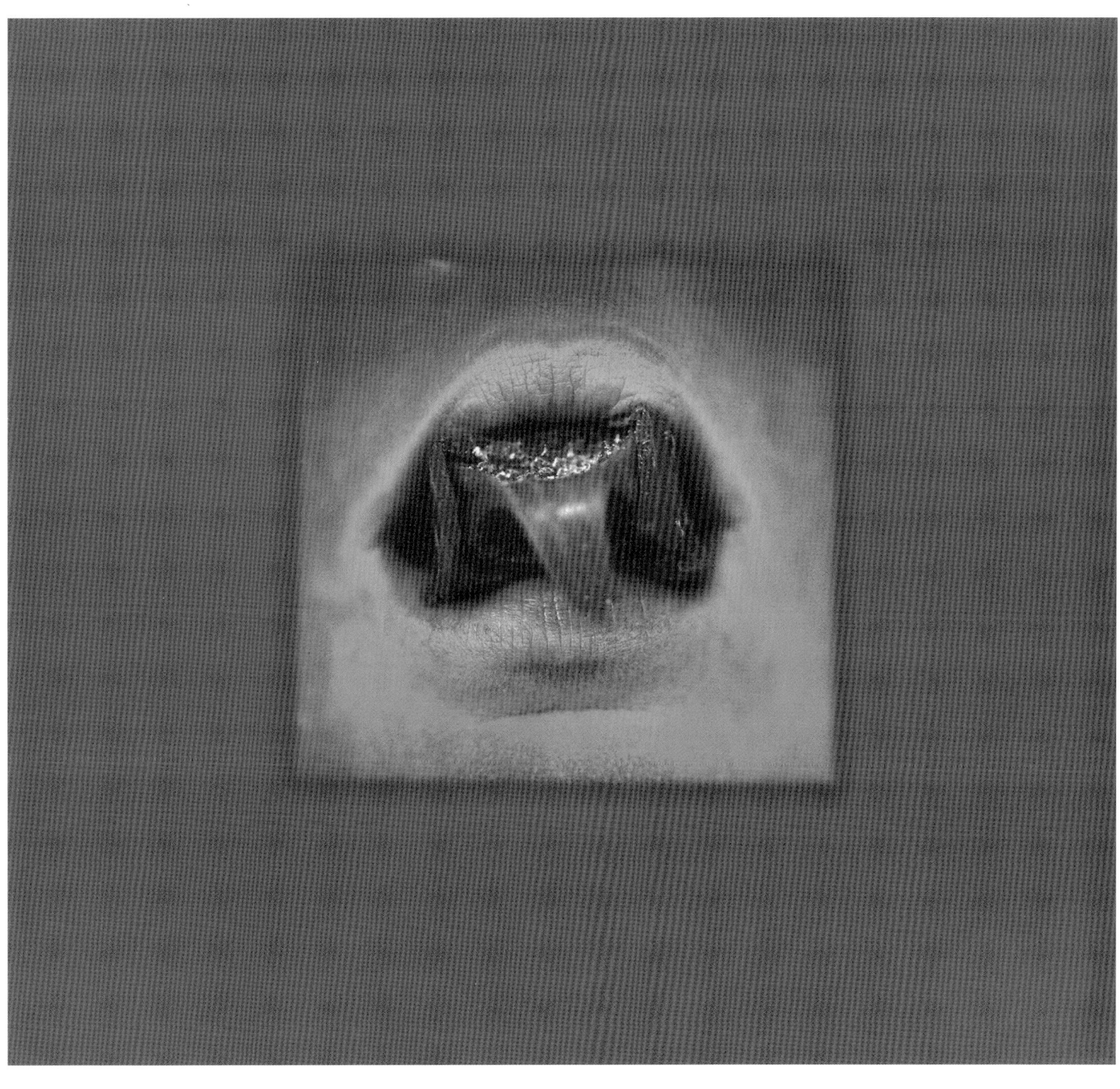

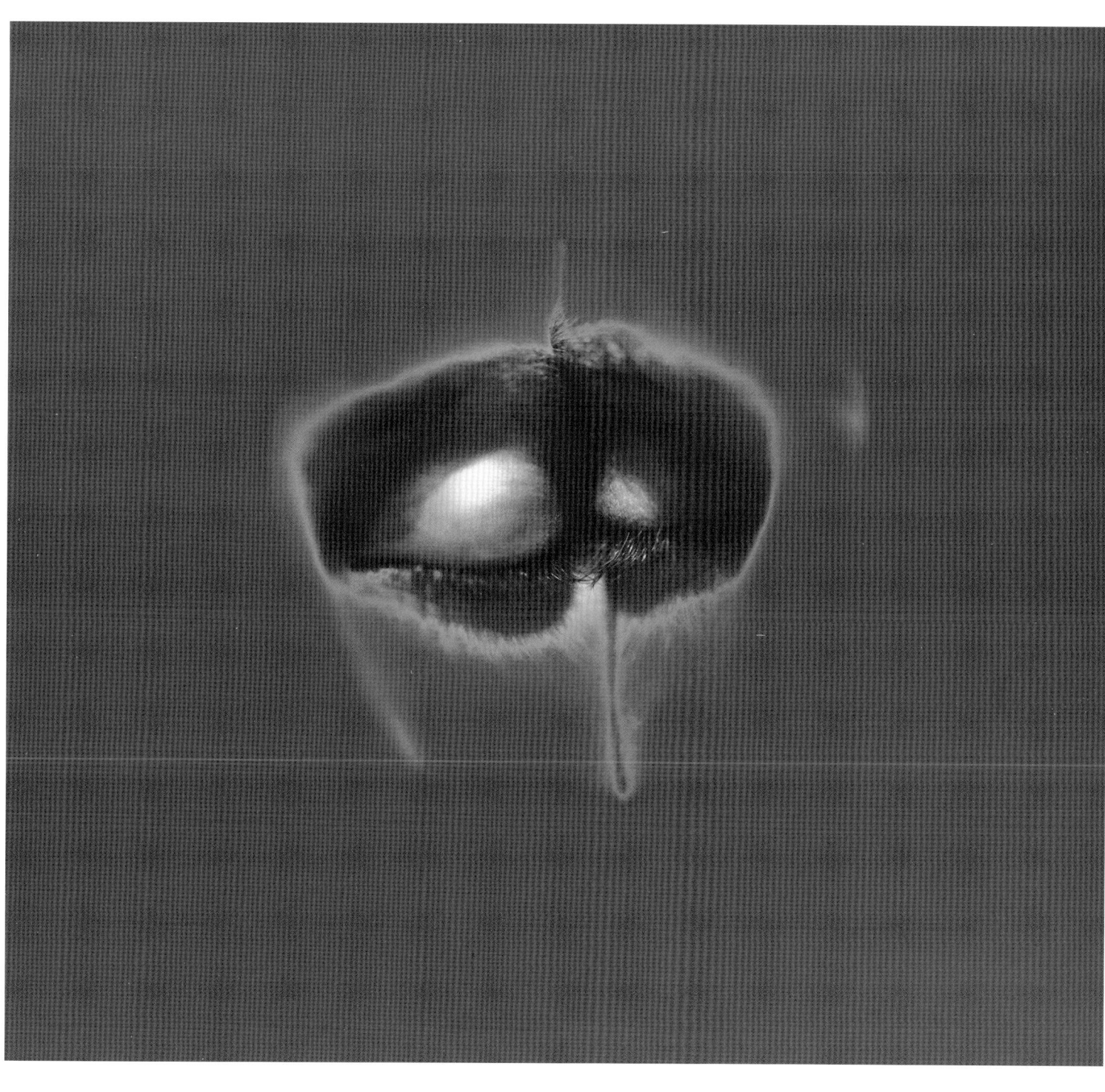

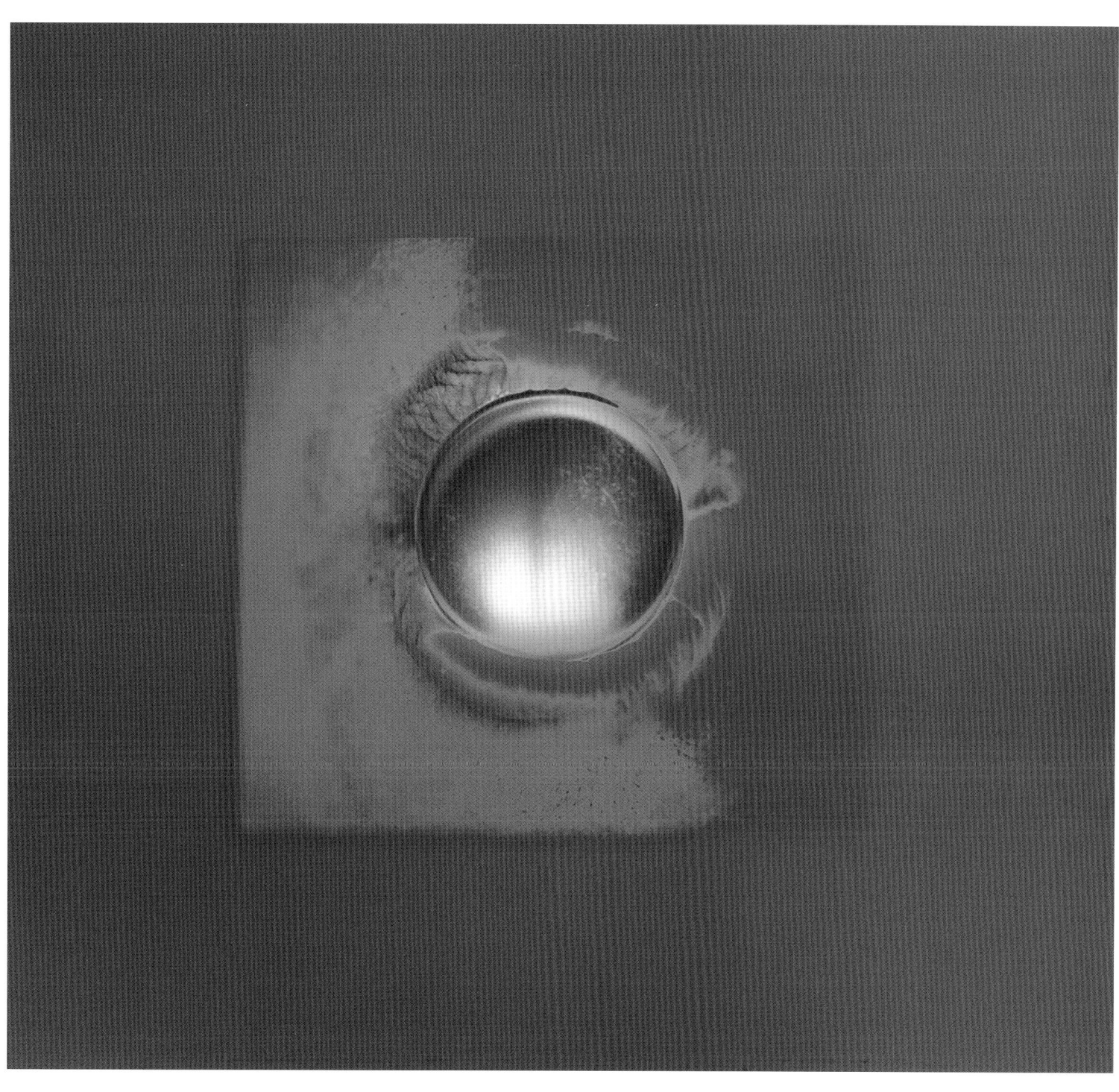

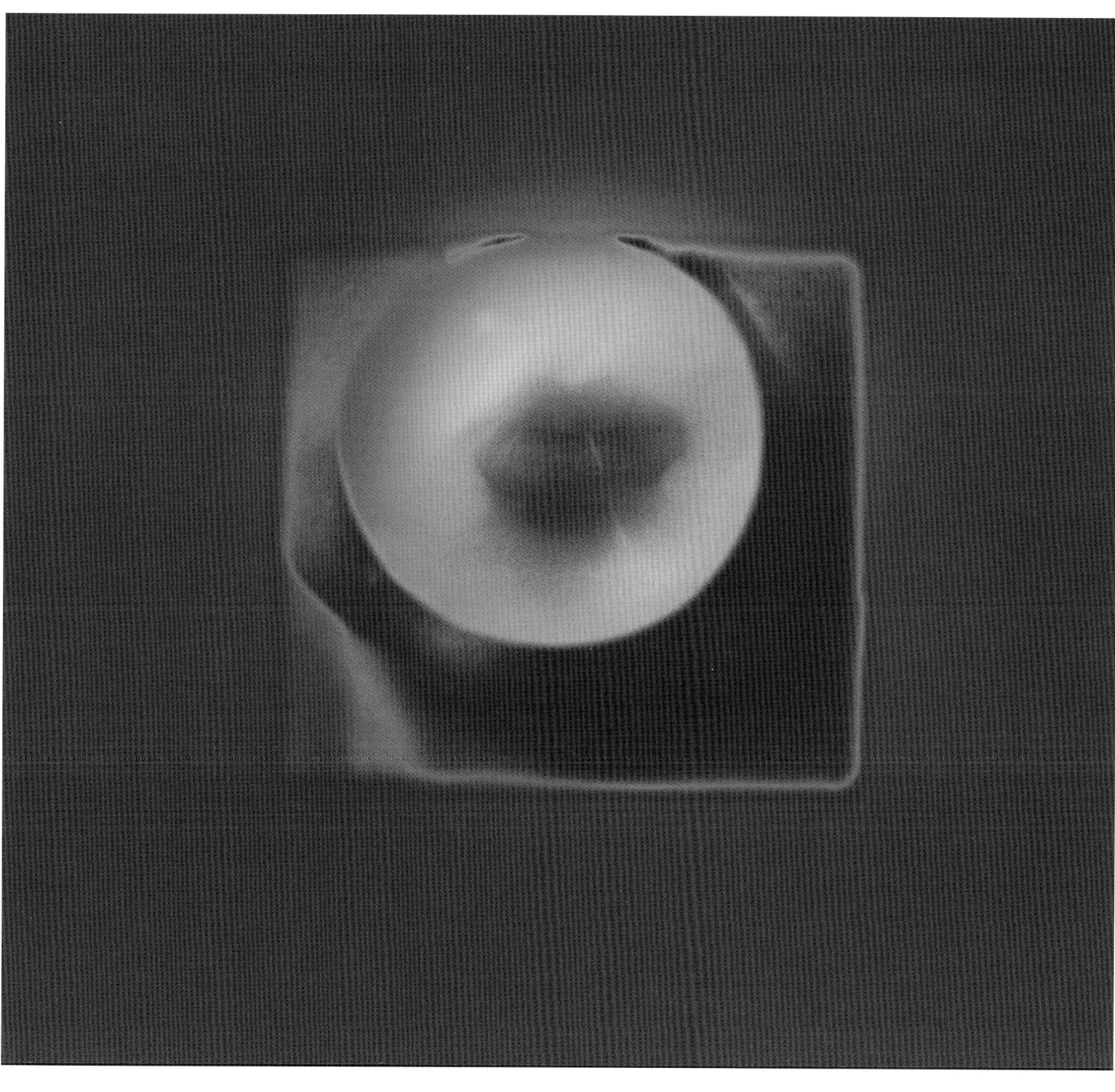

Video Stills

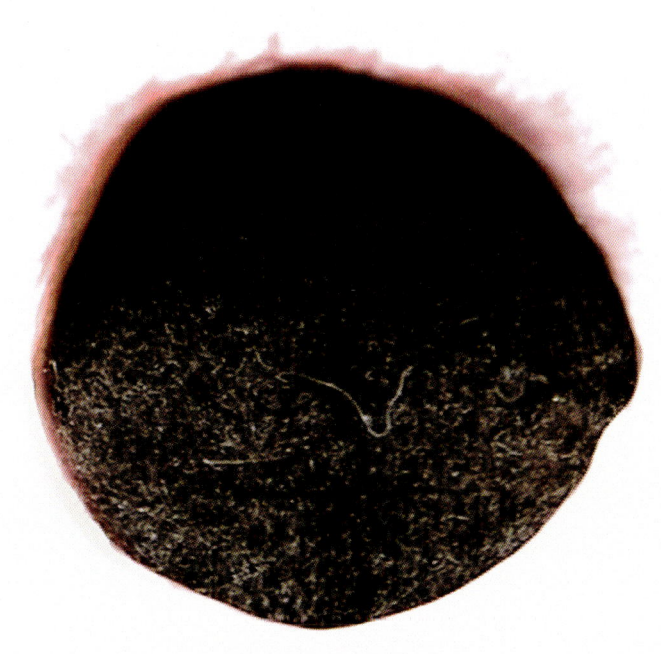

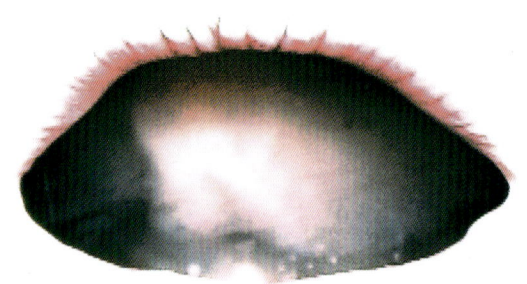 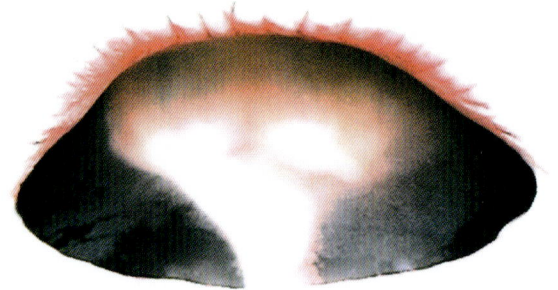

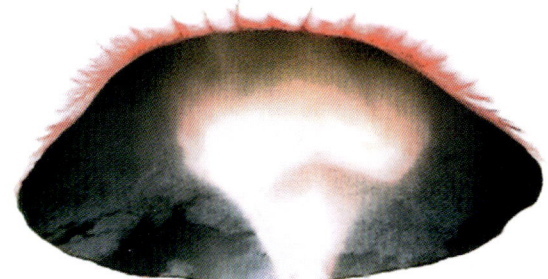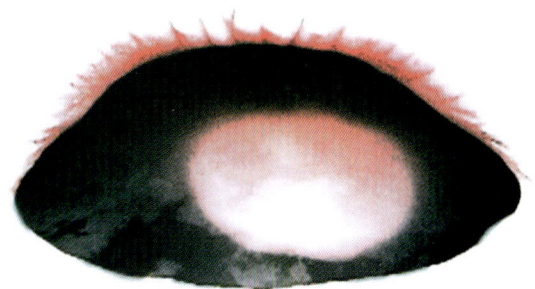

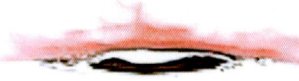
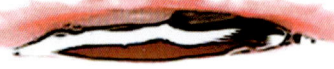

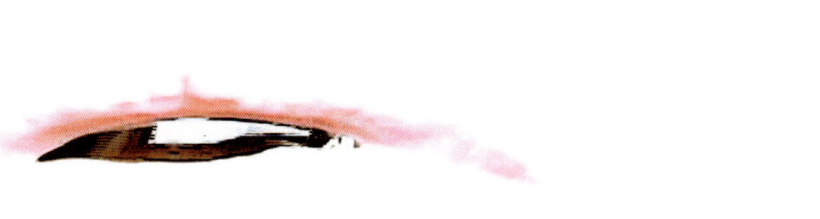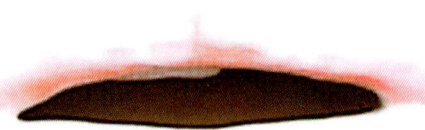

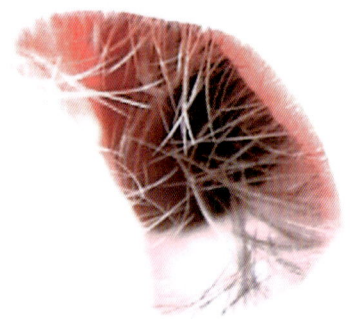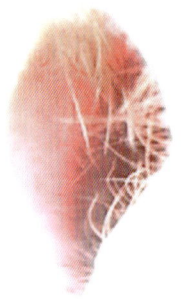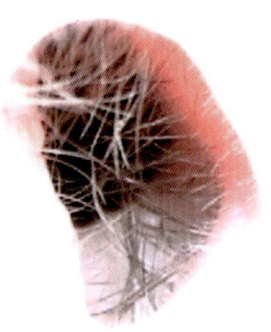

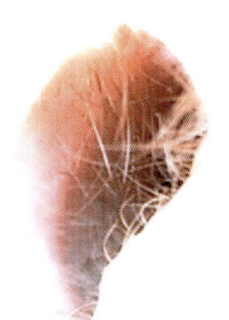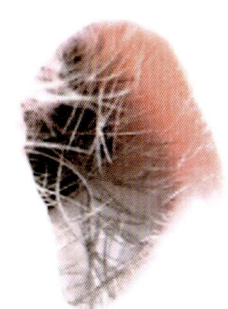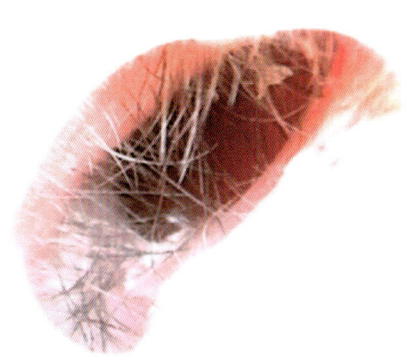

Photographs III

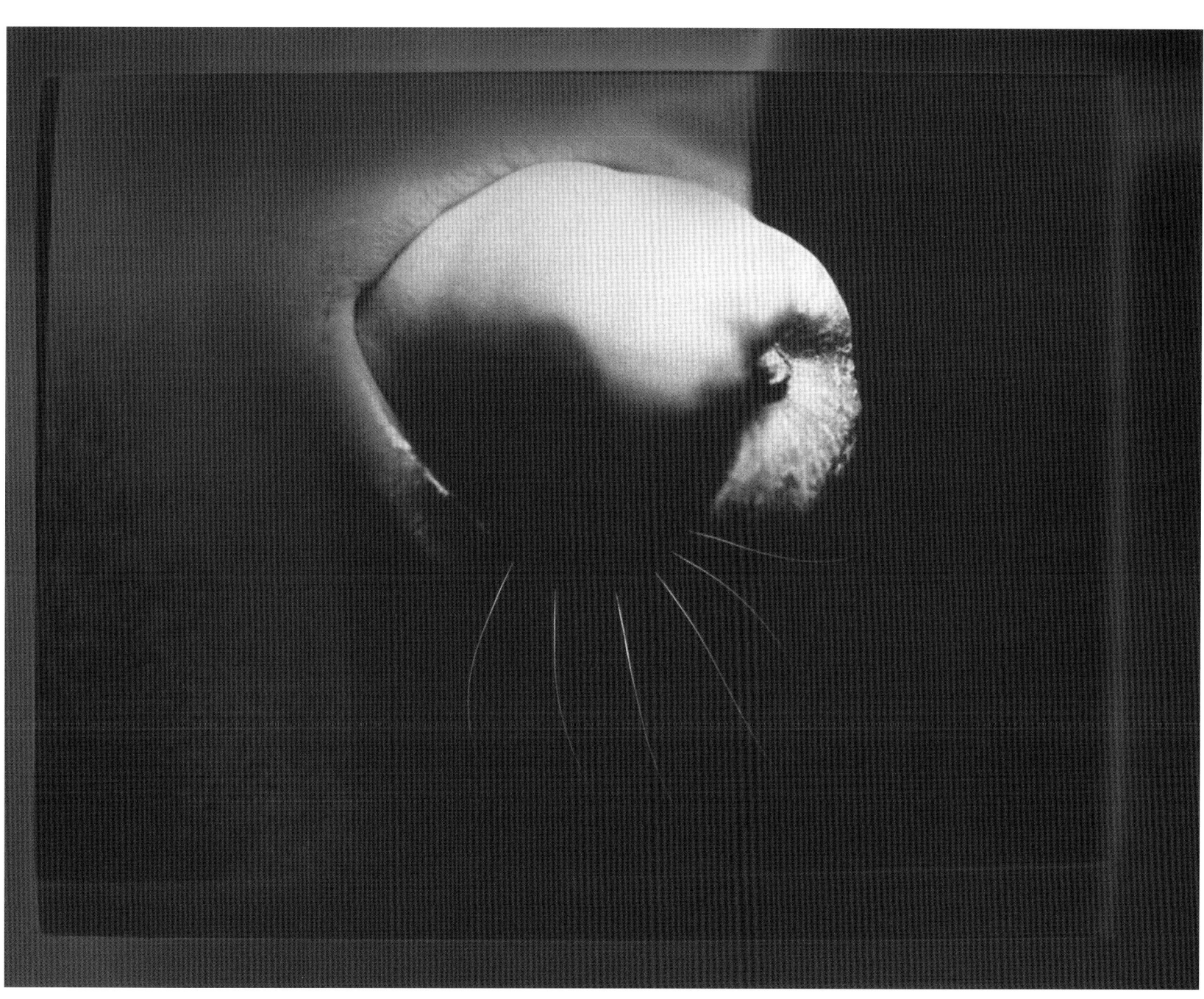

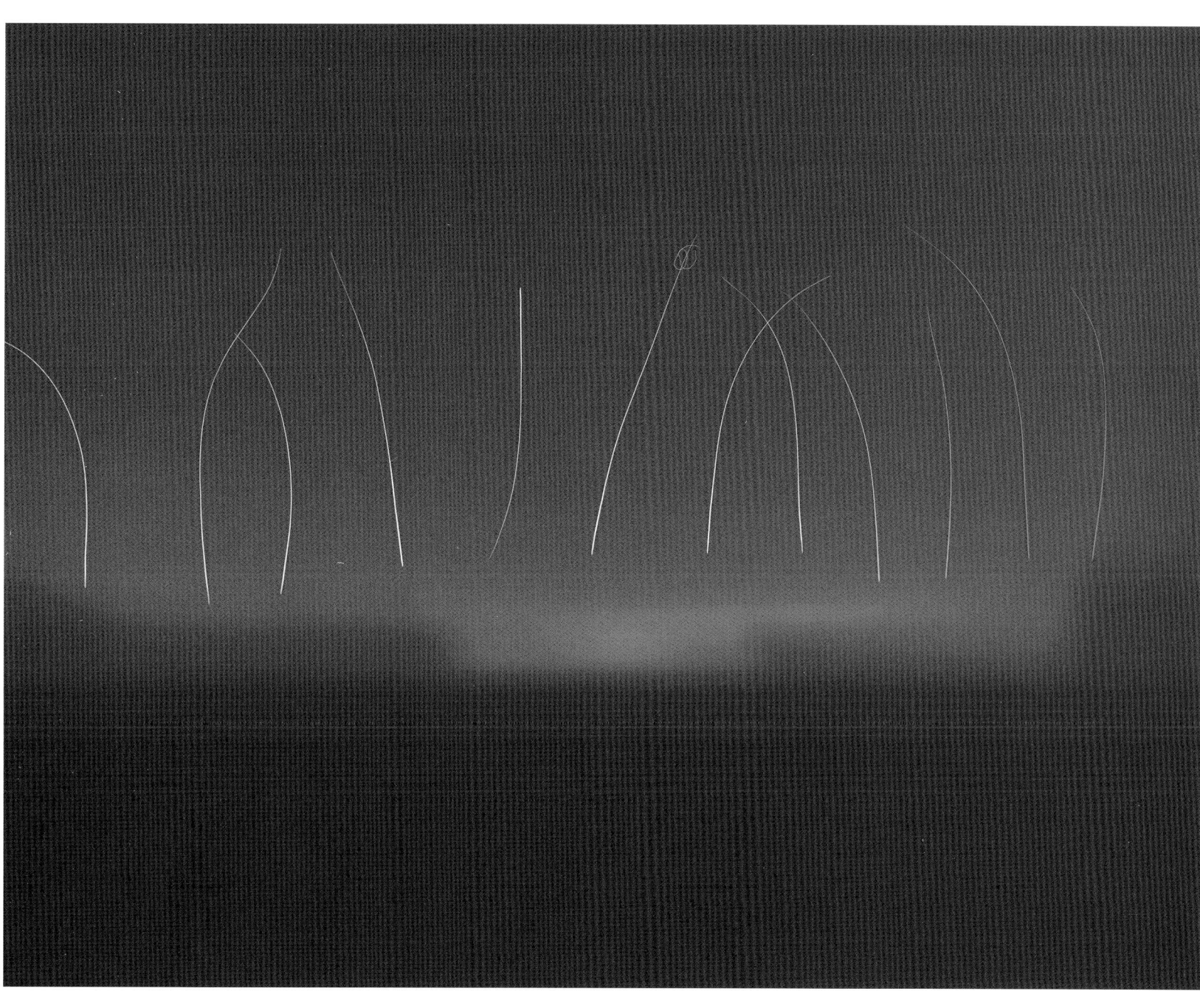

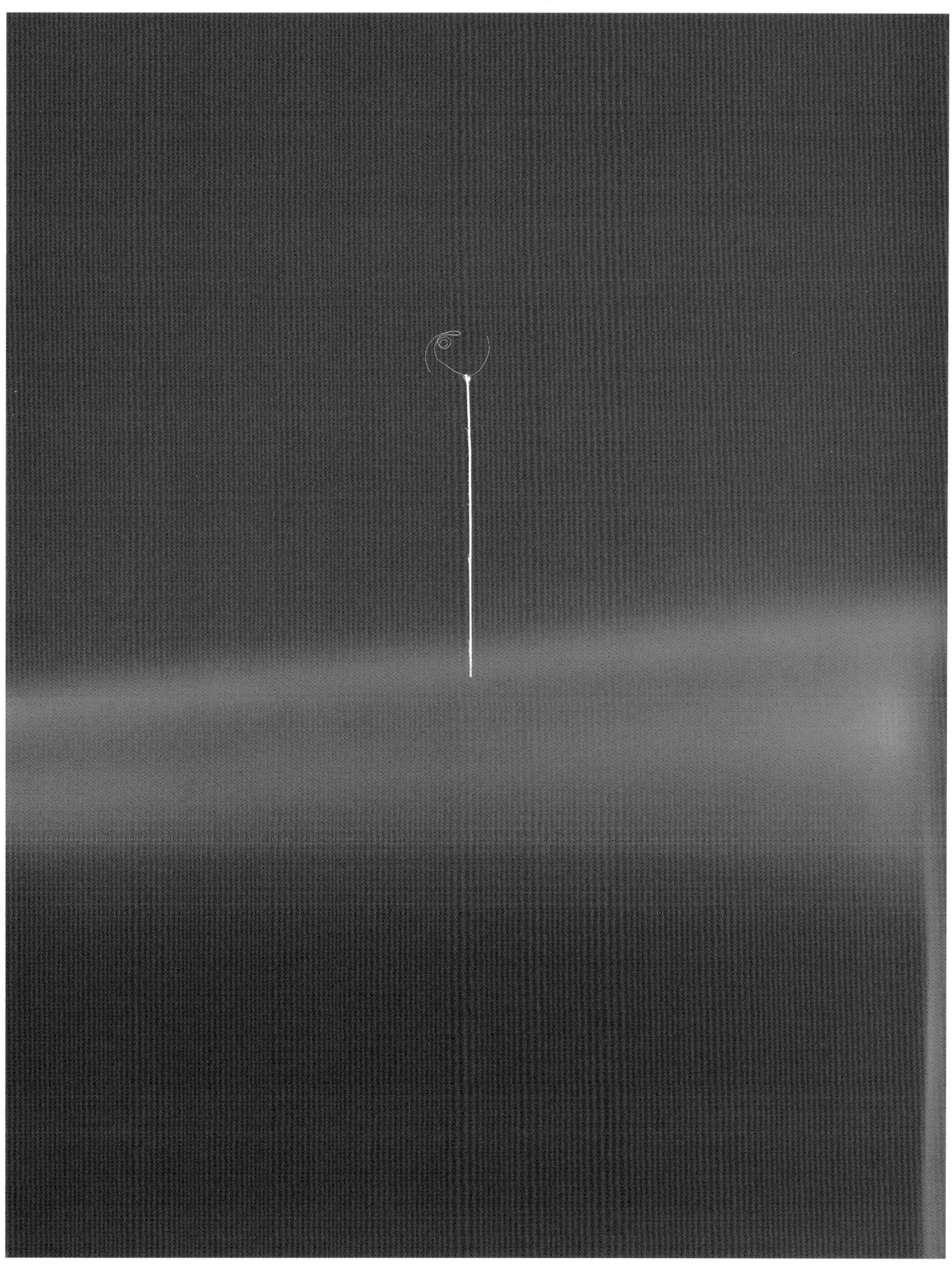

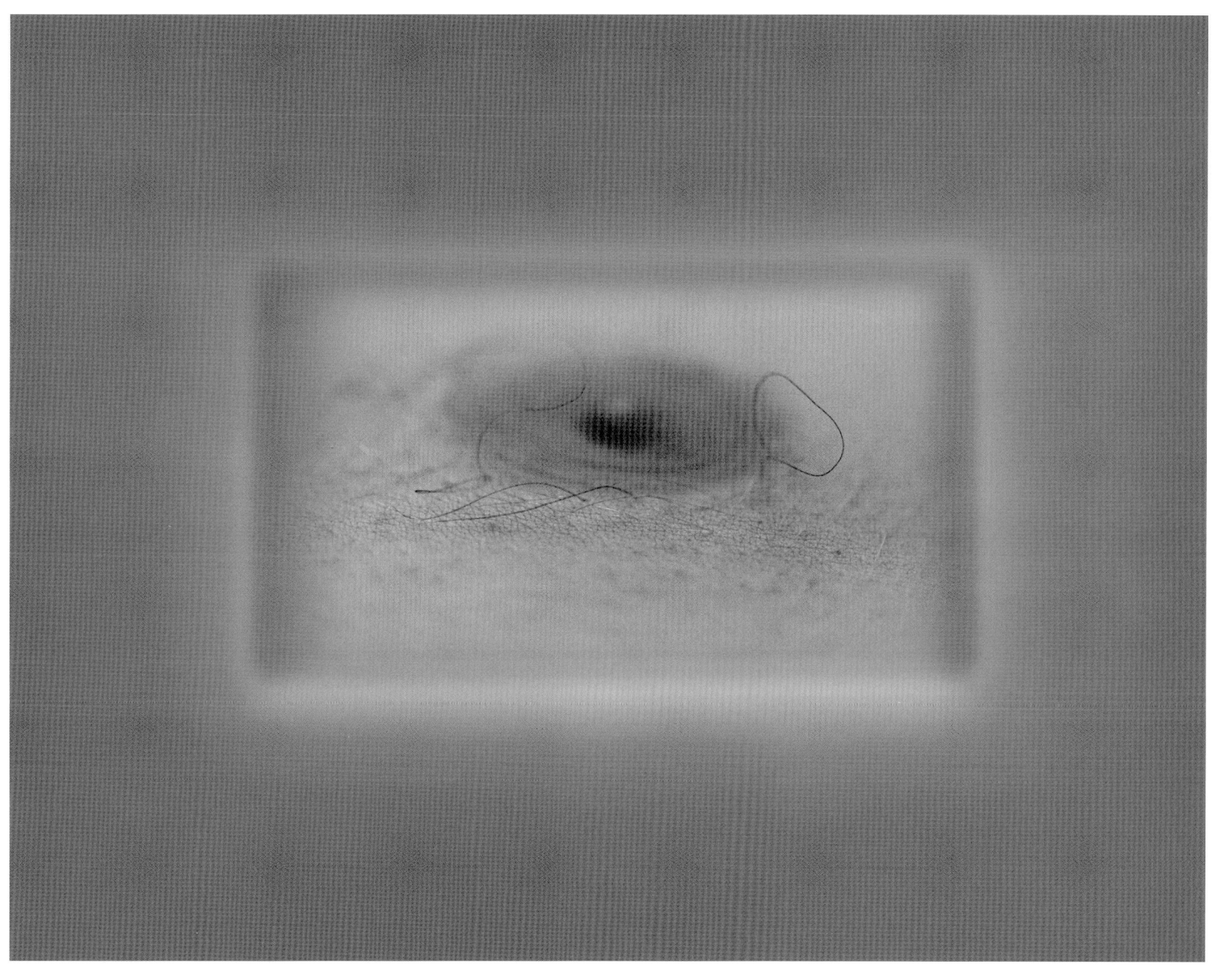

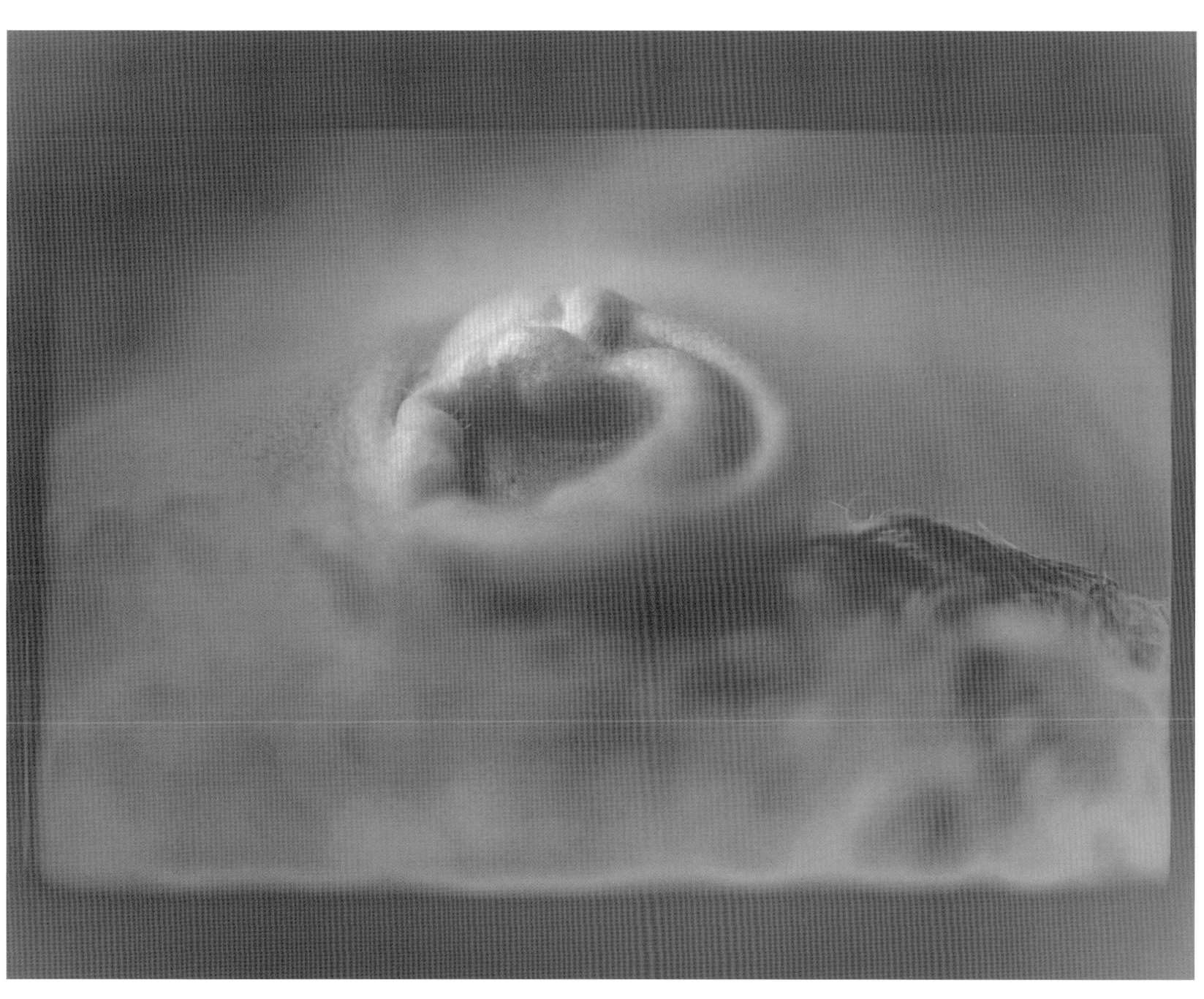

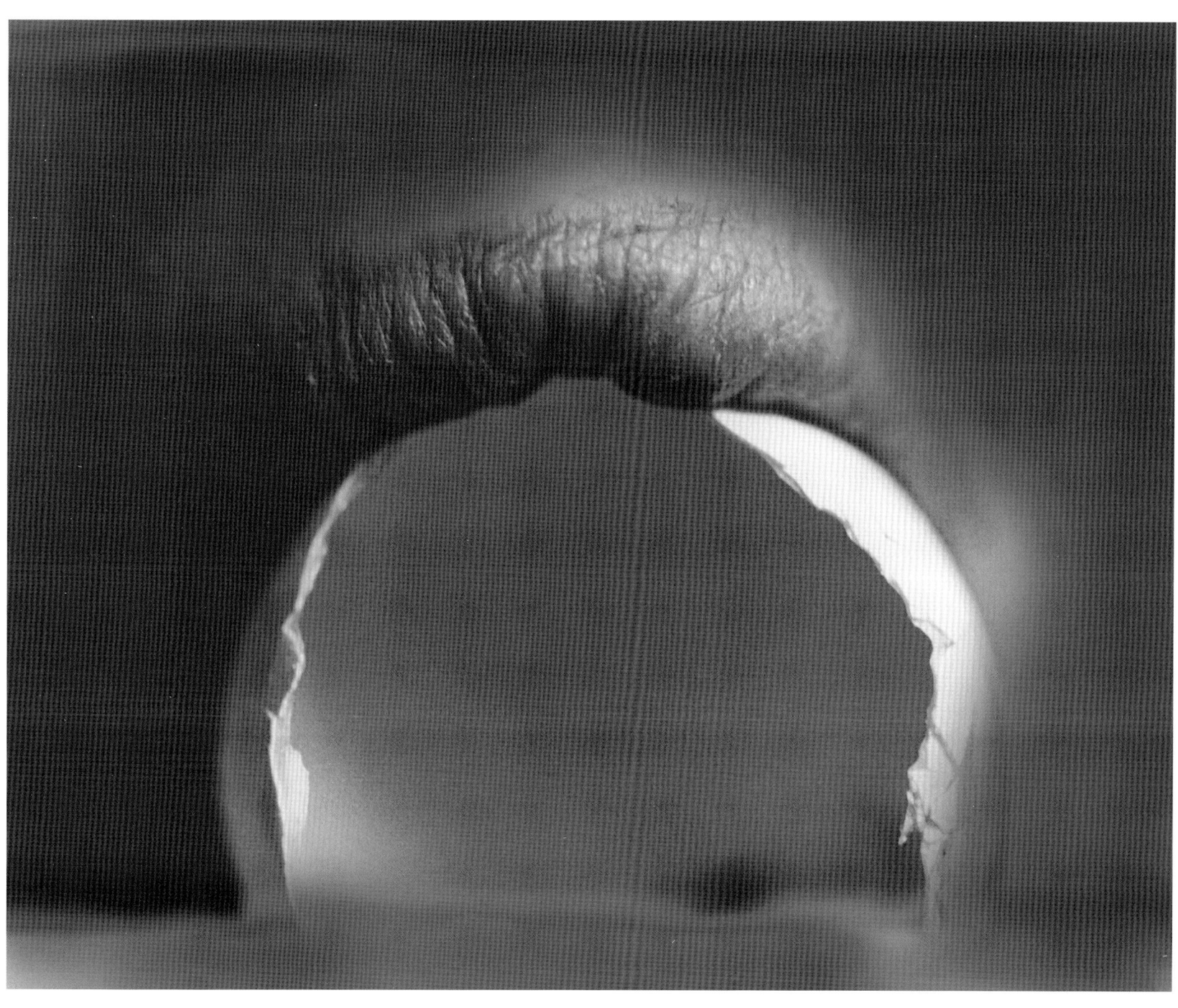

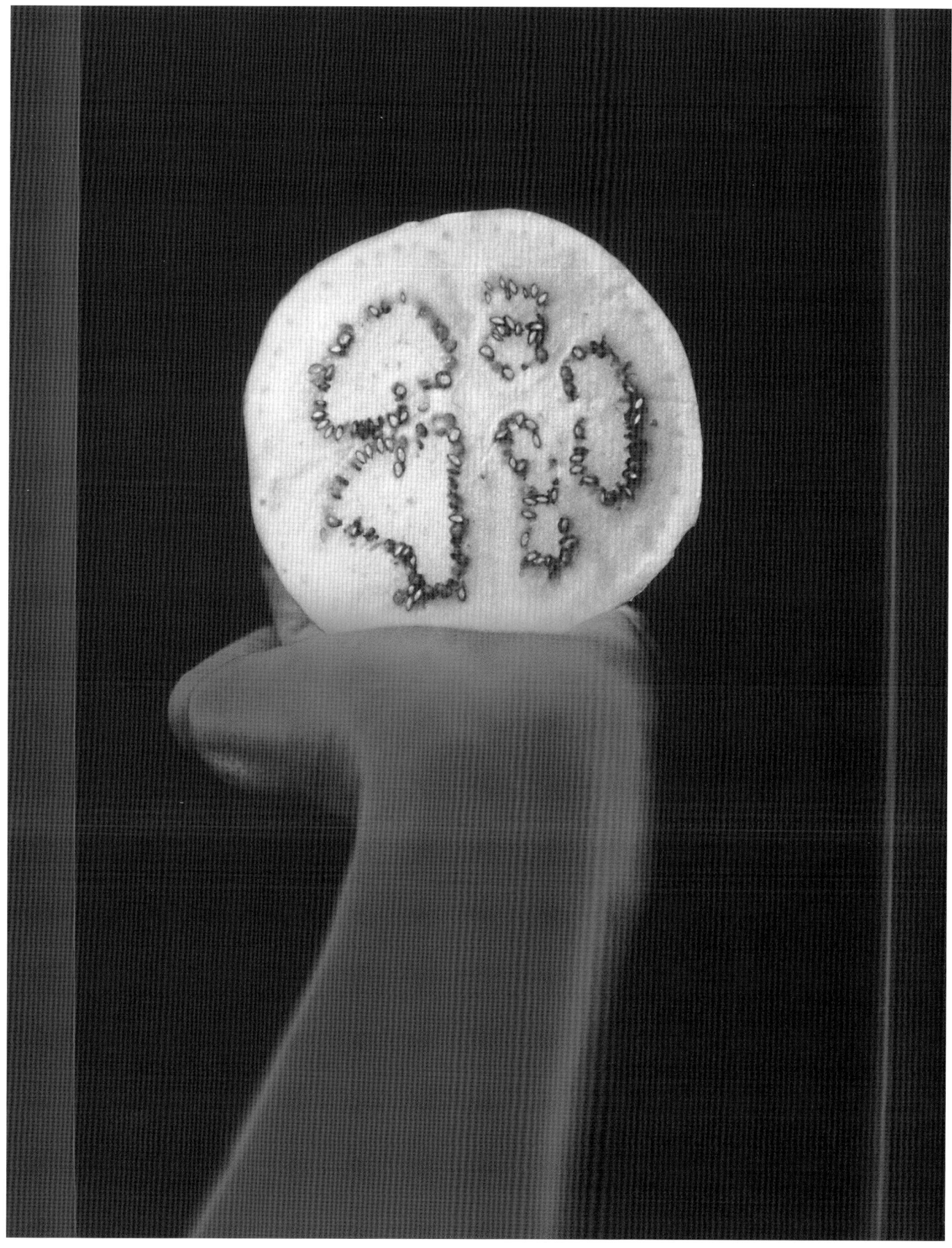

Body Casts

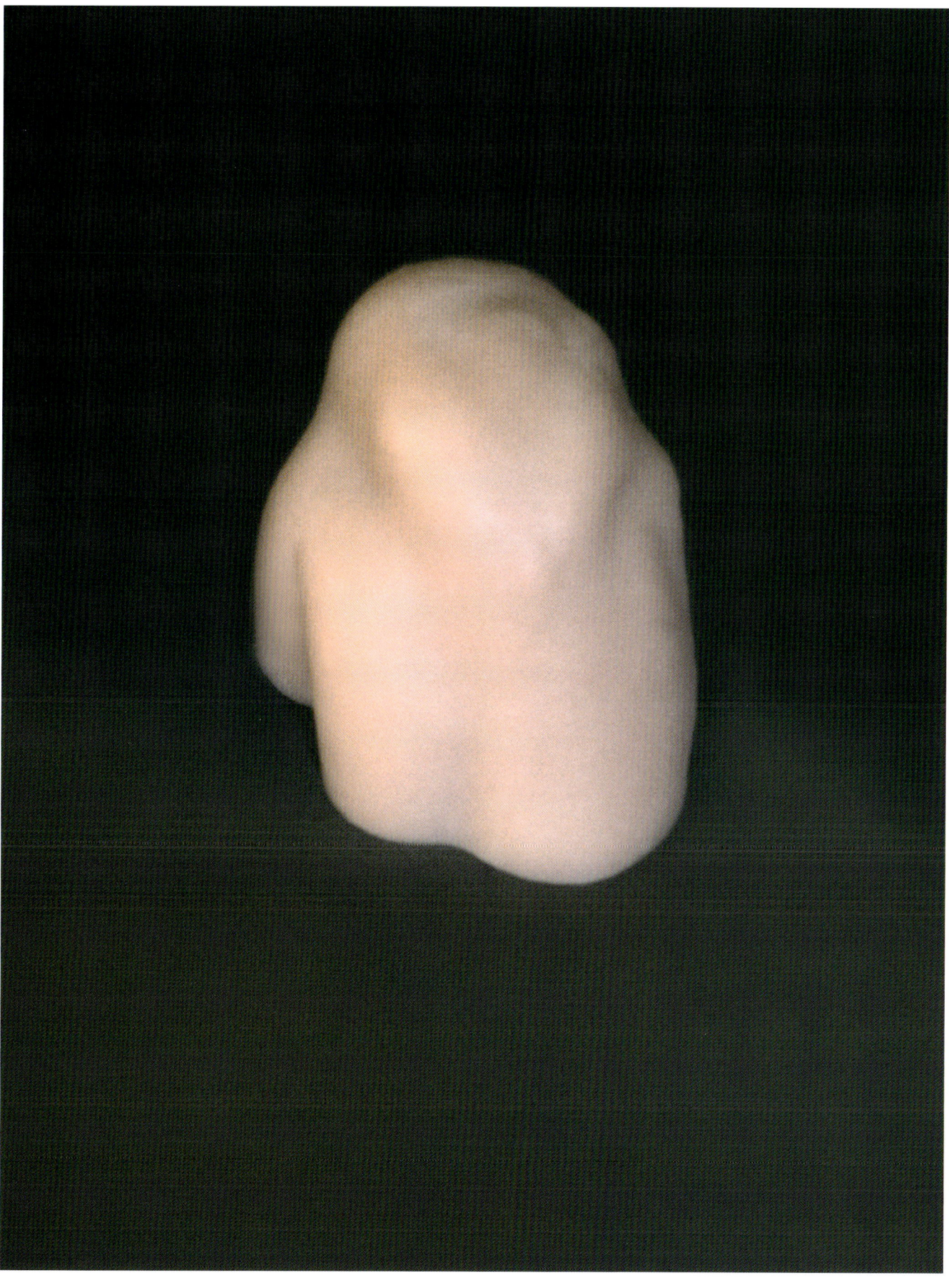

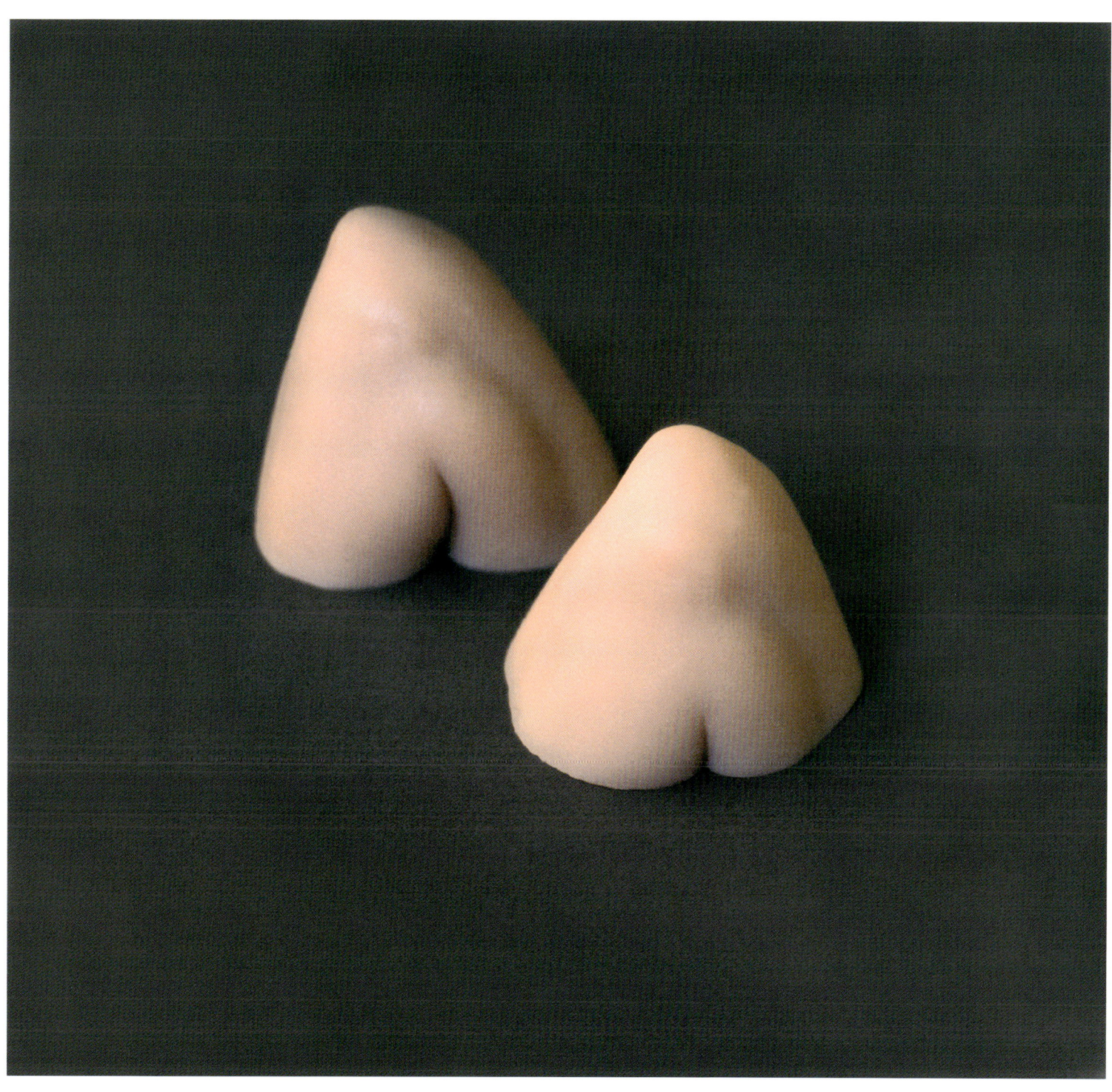

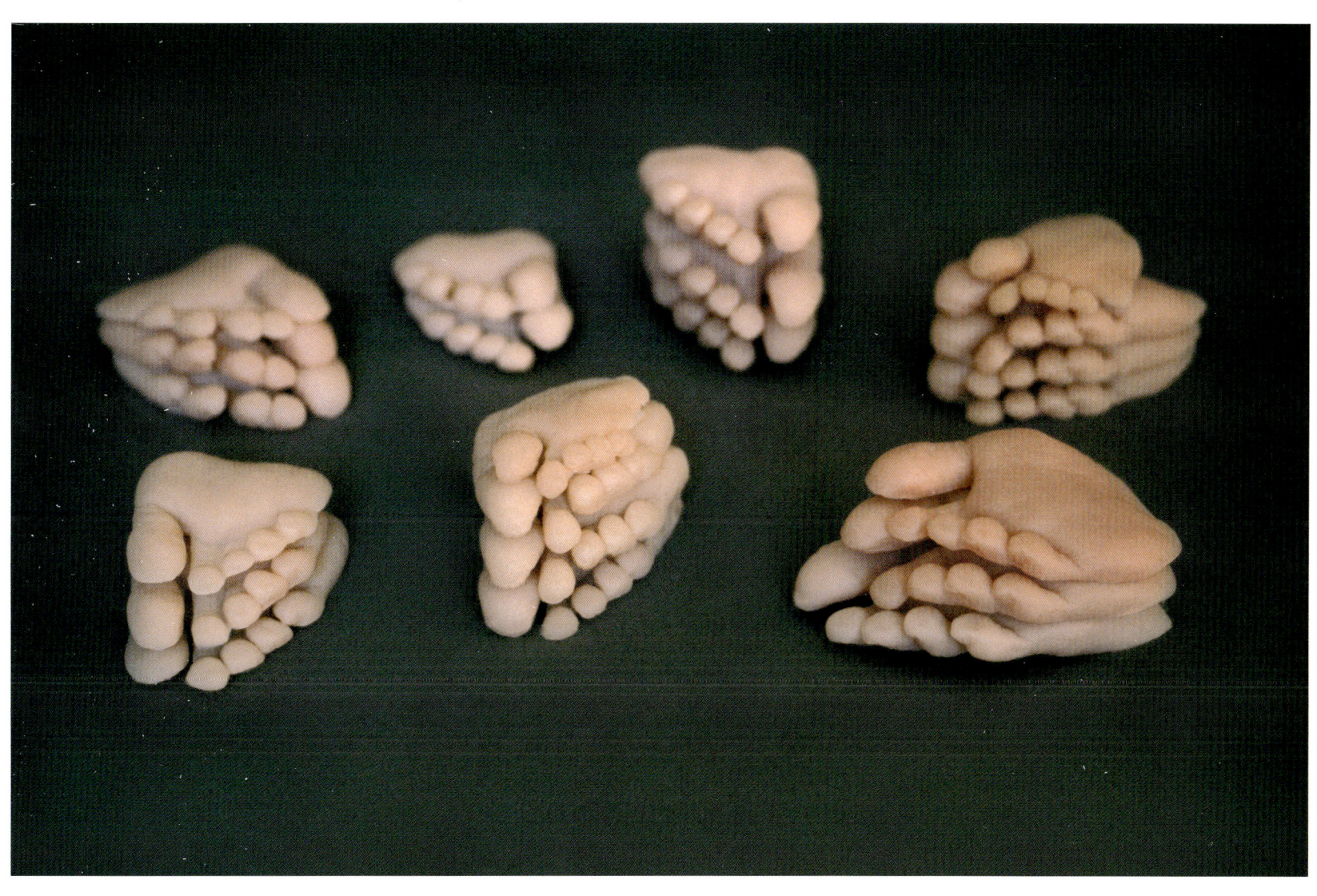

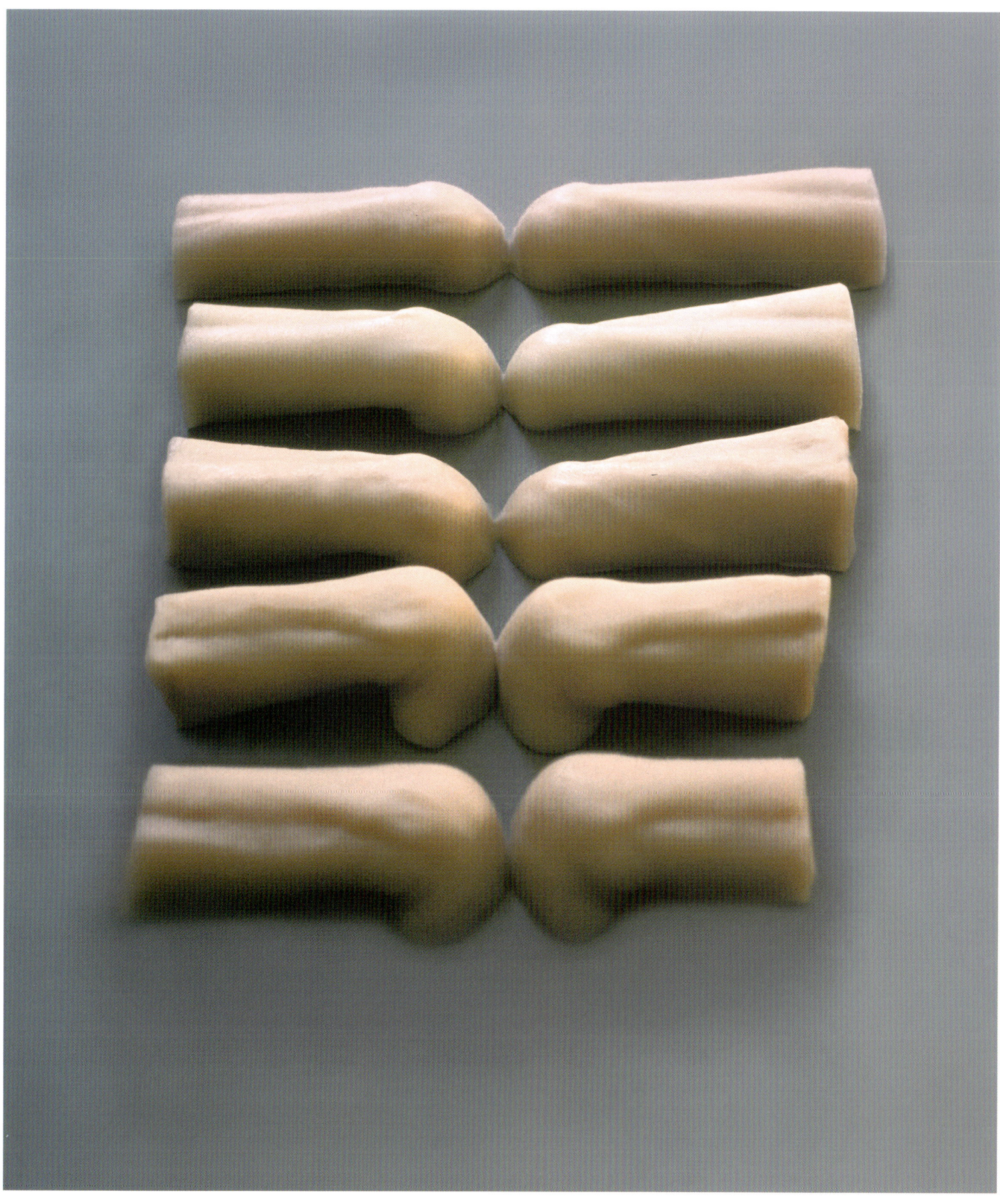

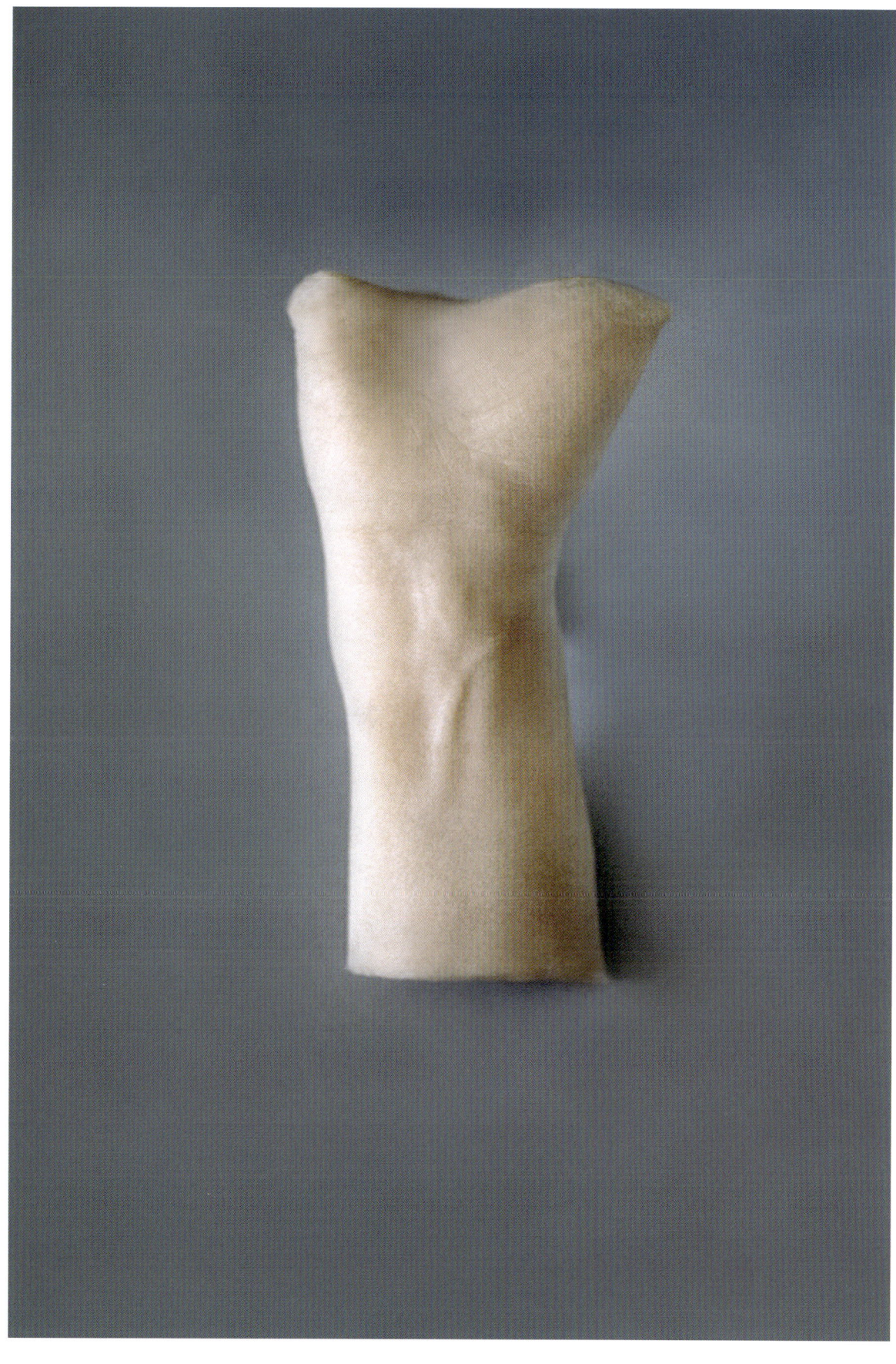

Sculpture

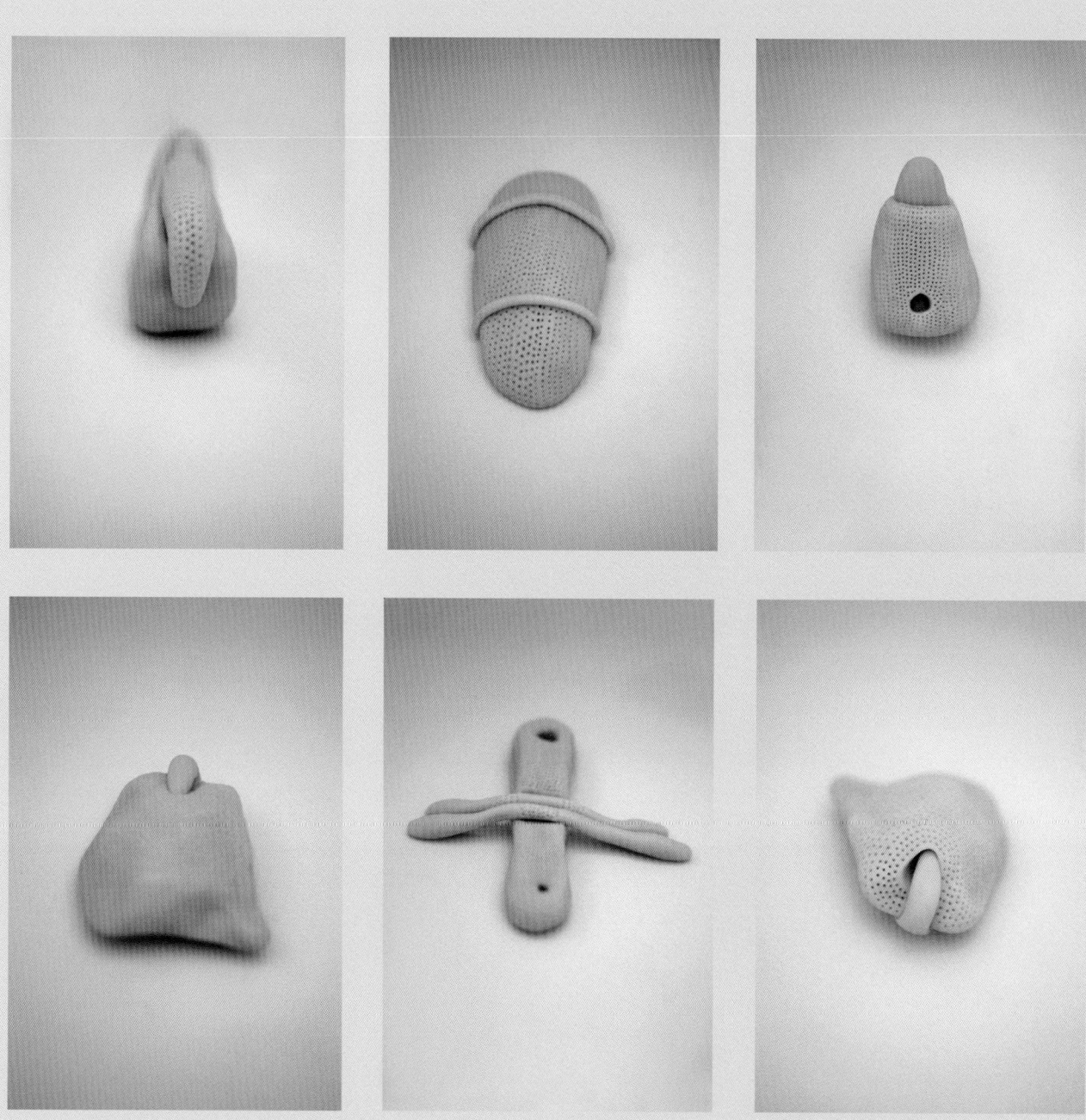

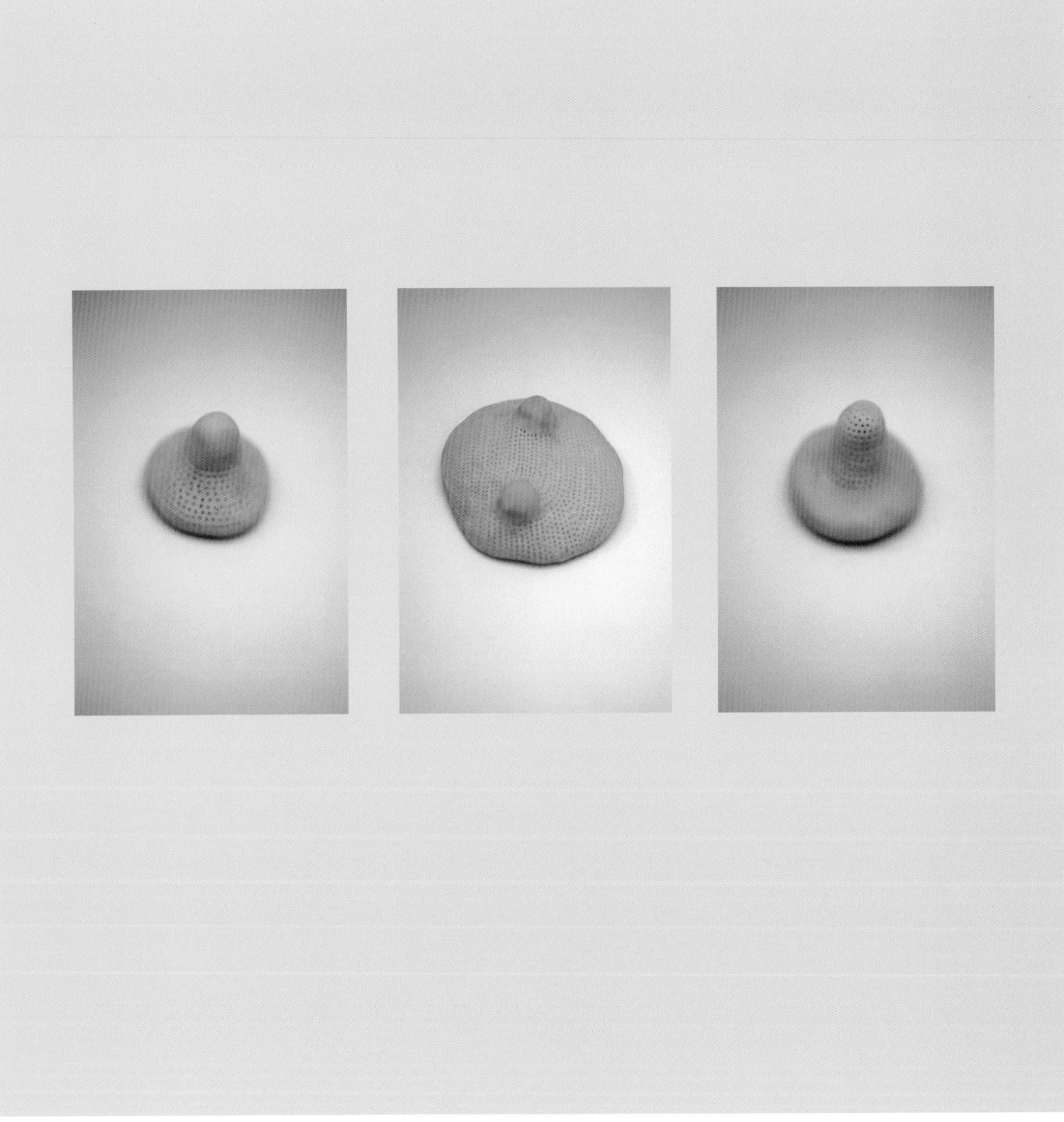

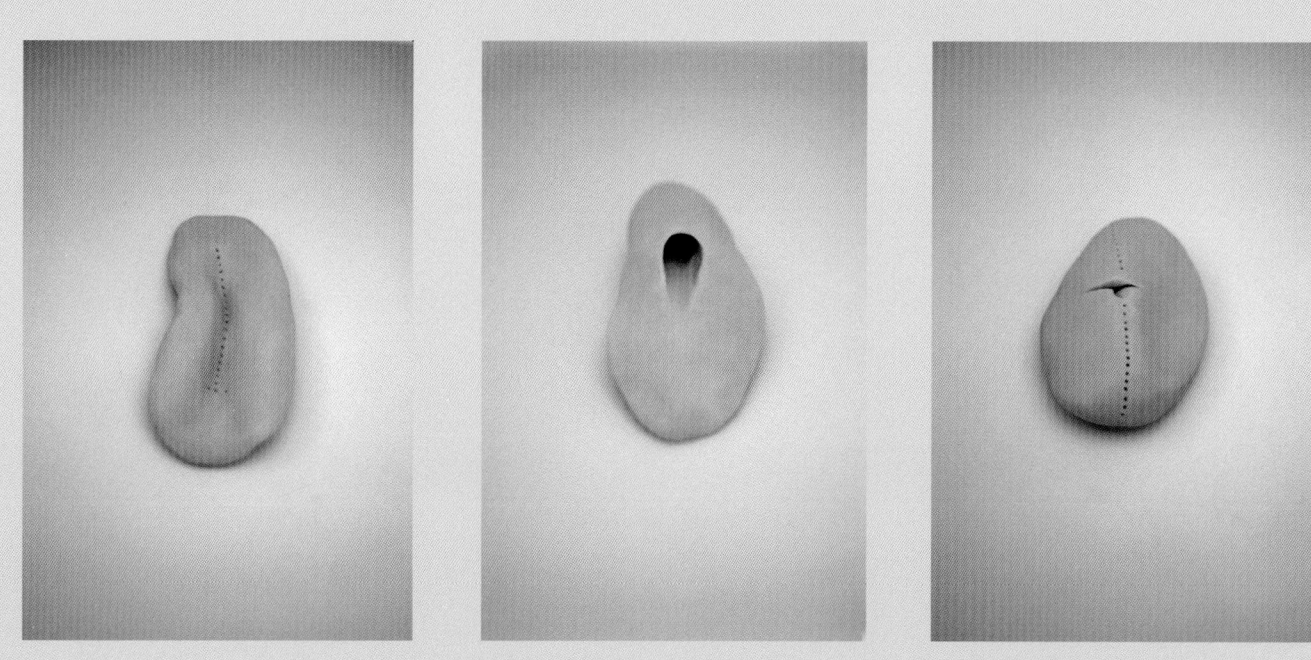

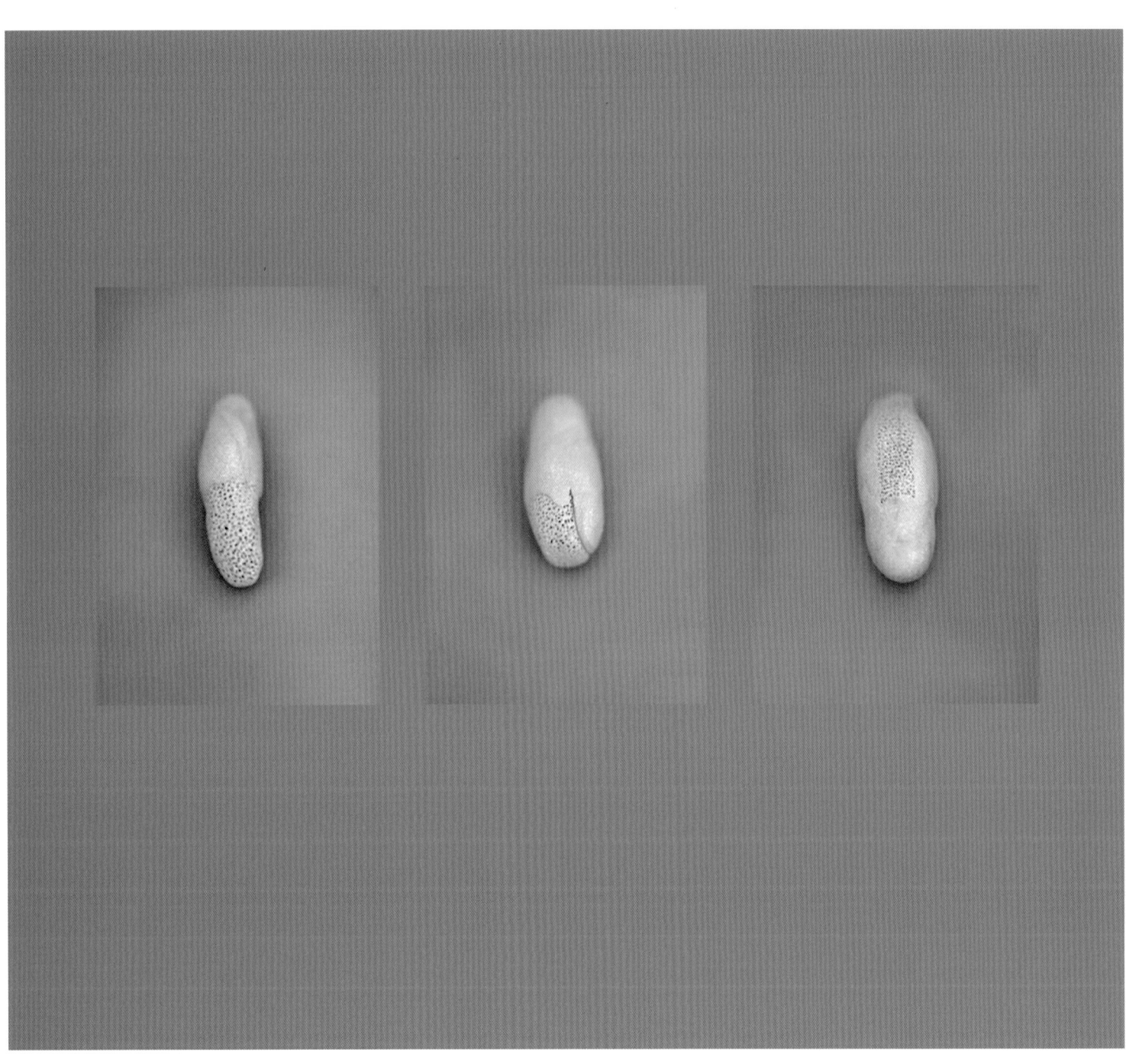

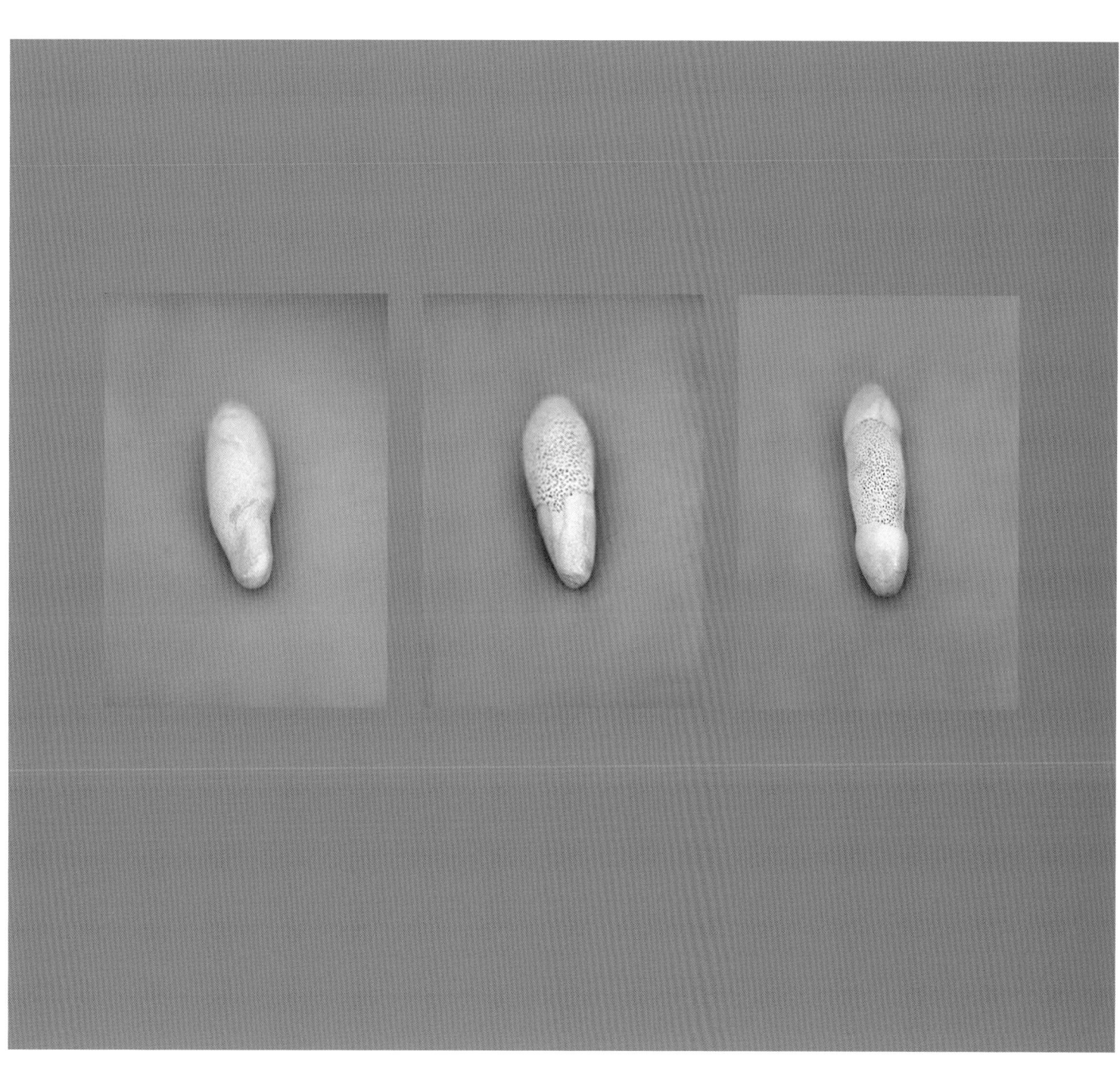

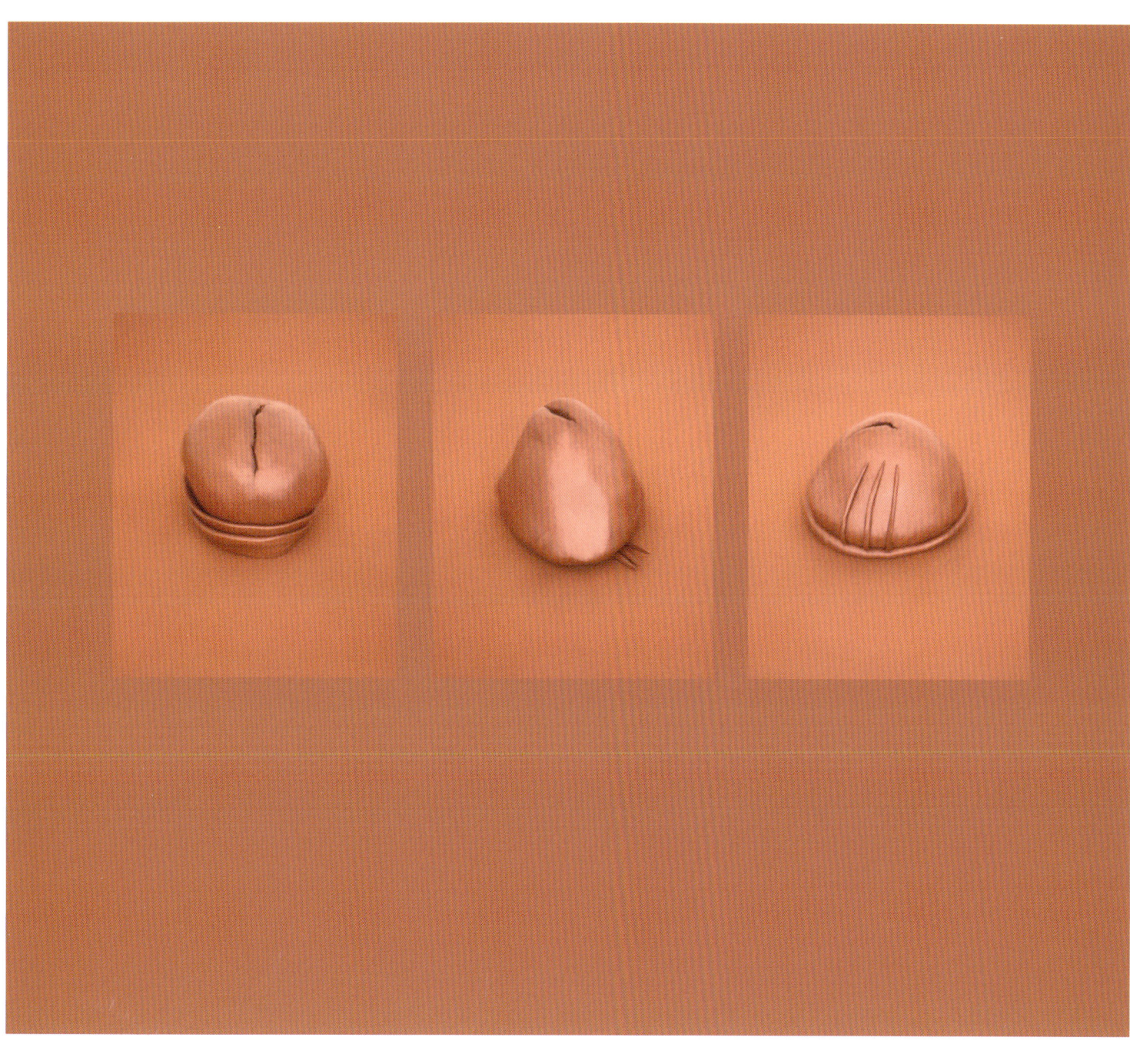

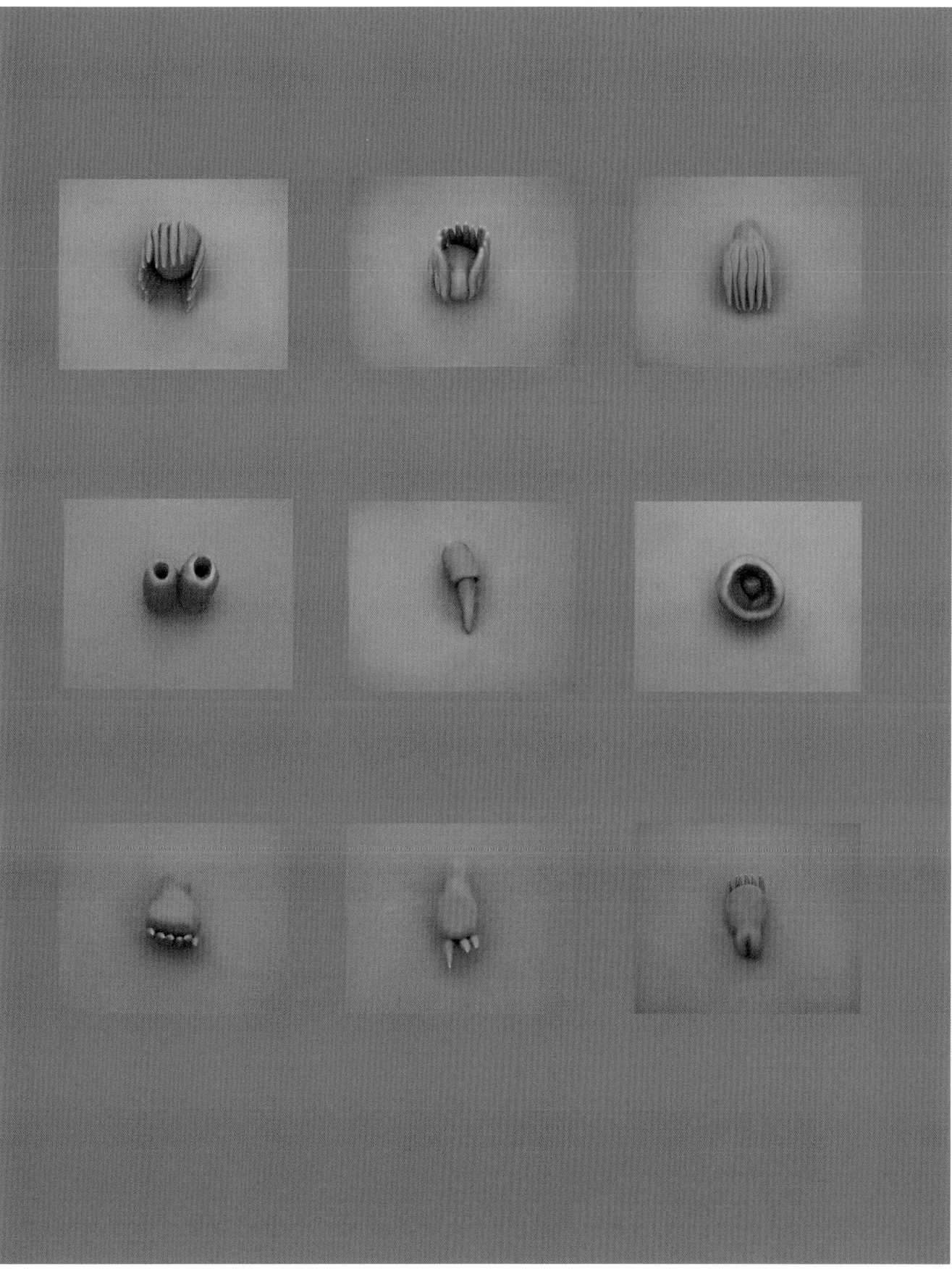

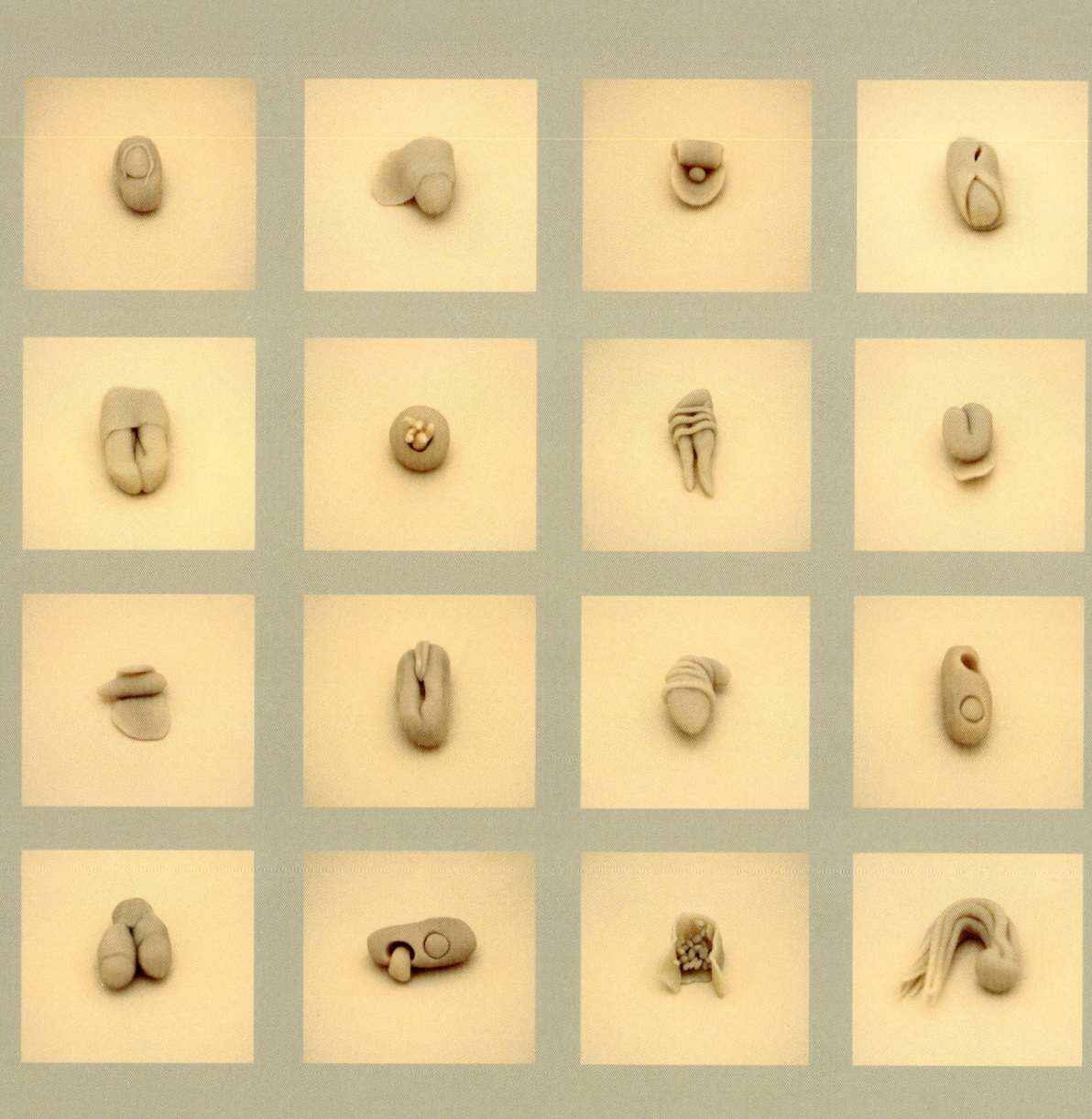

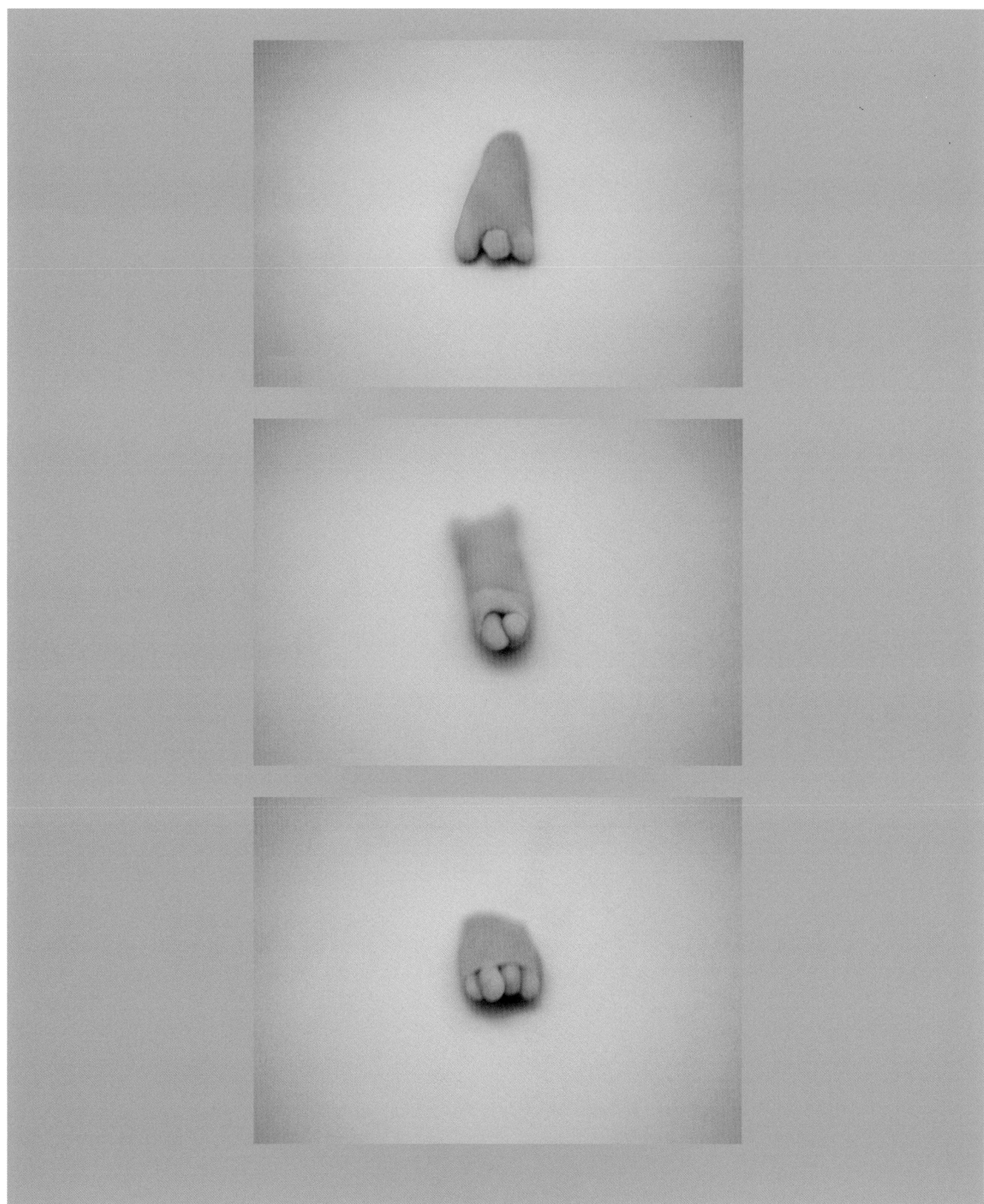

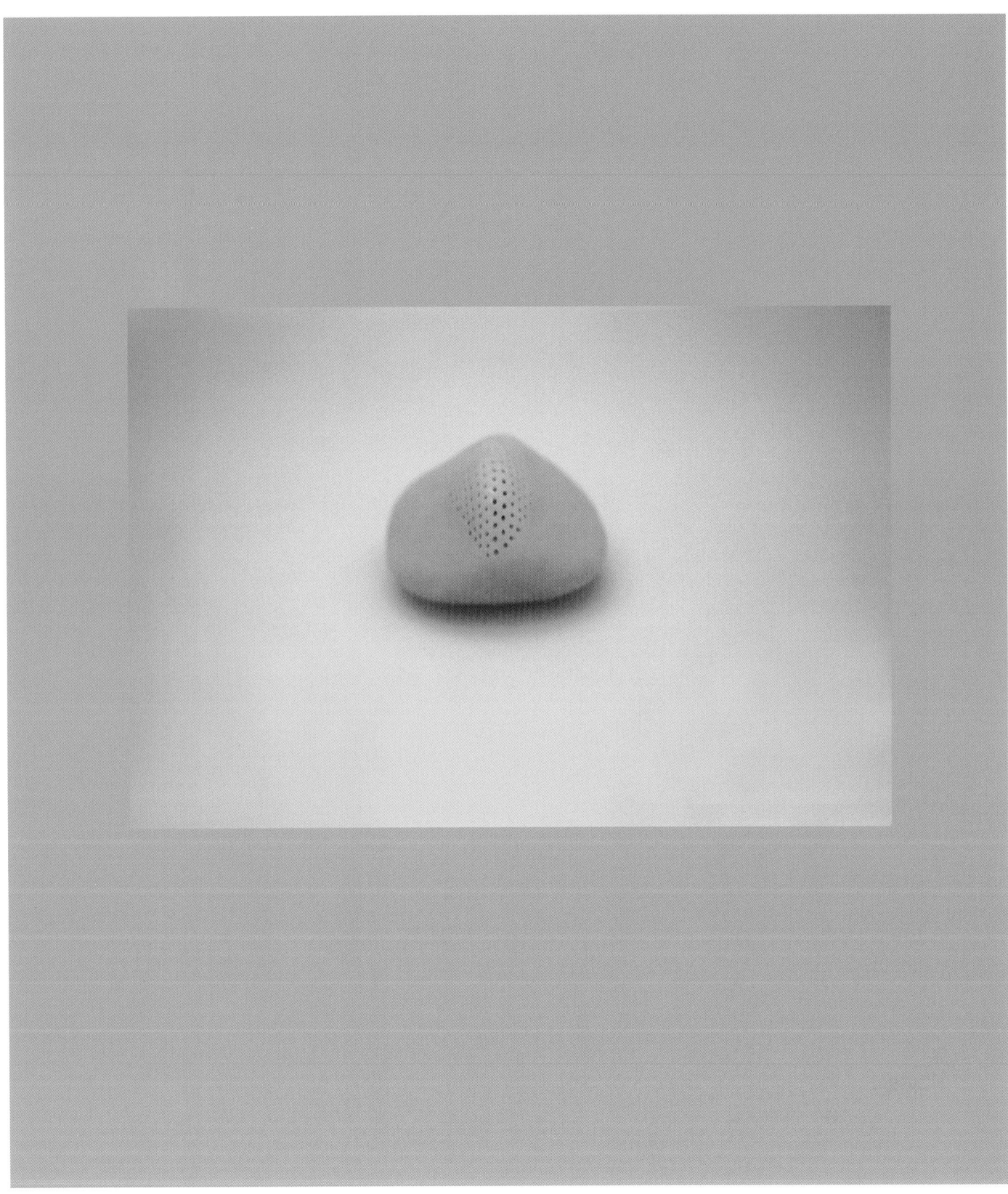

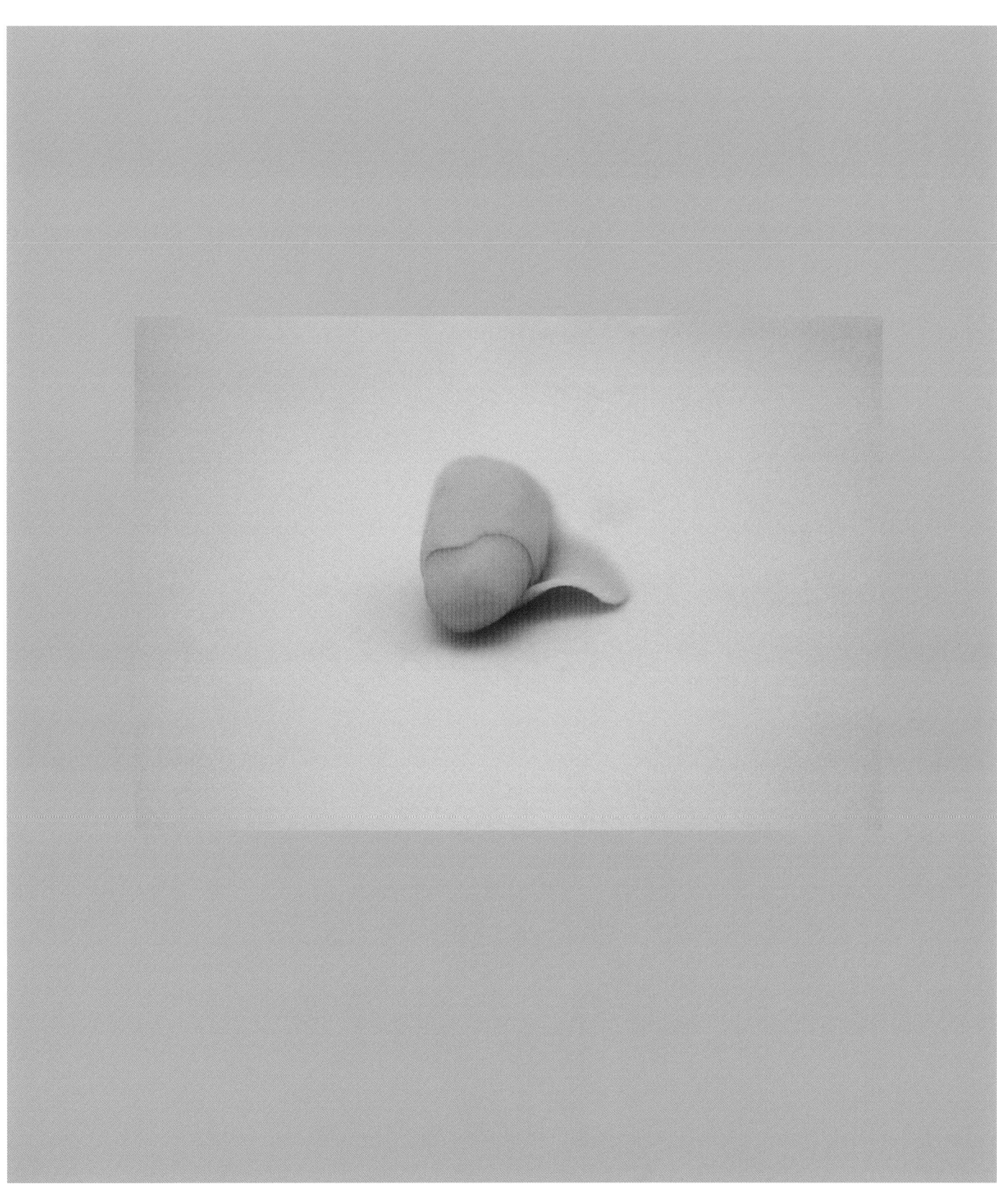

Photographs IV

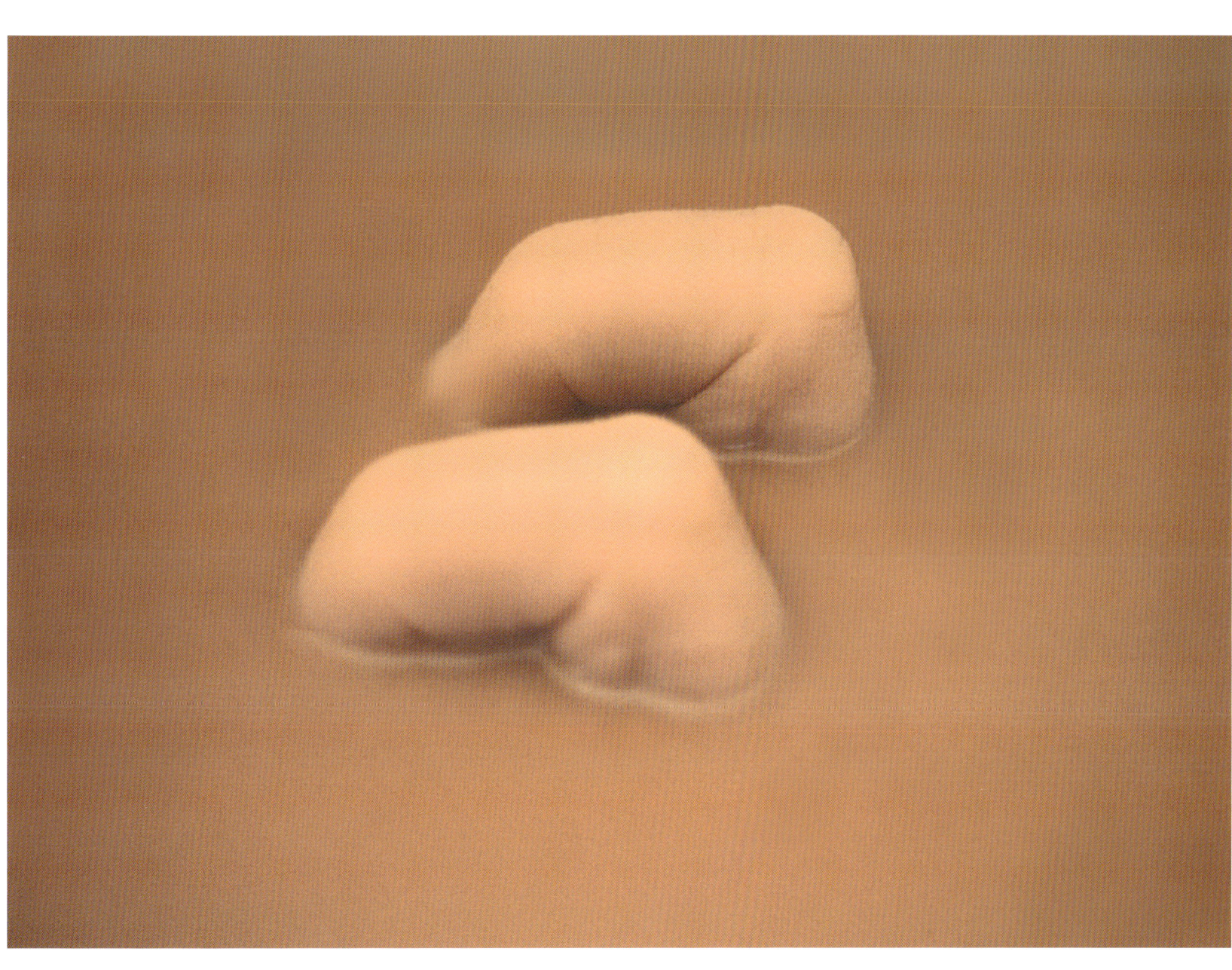

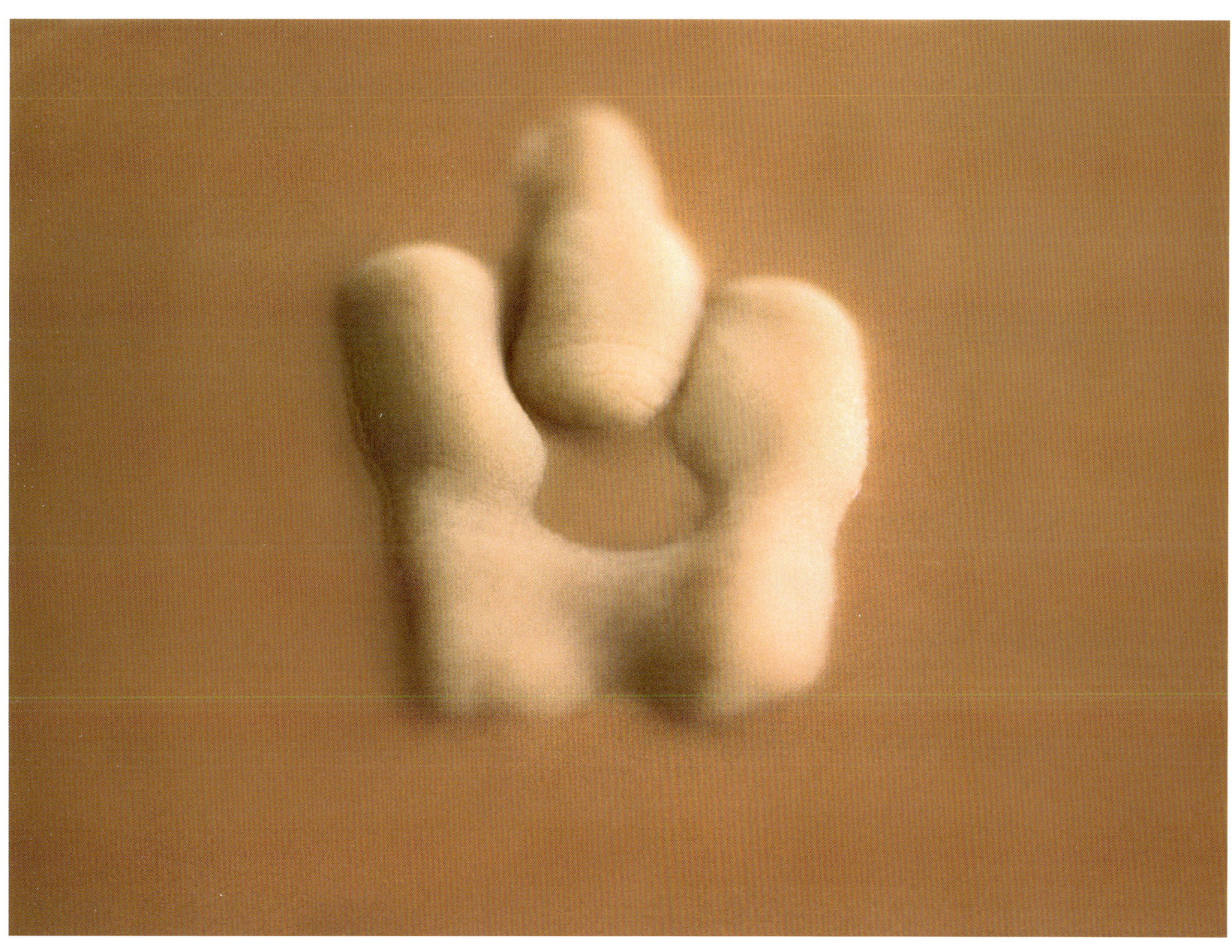

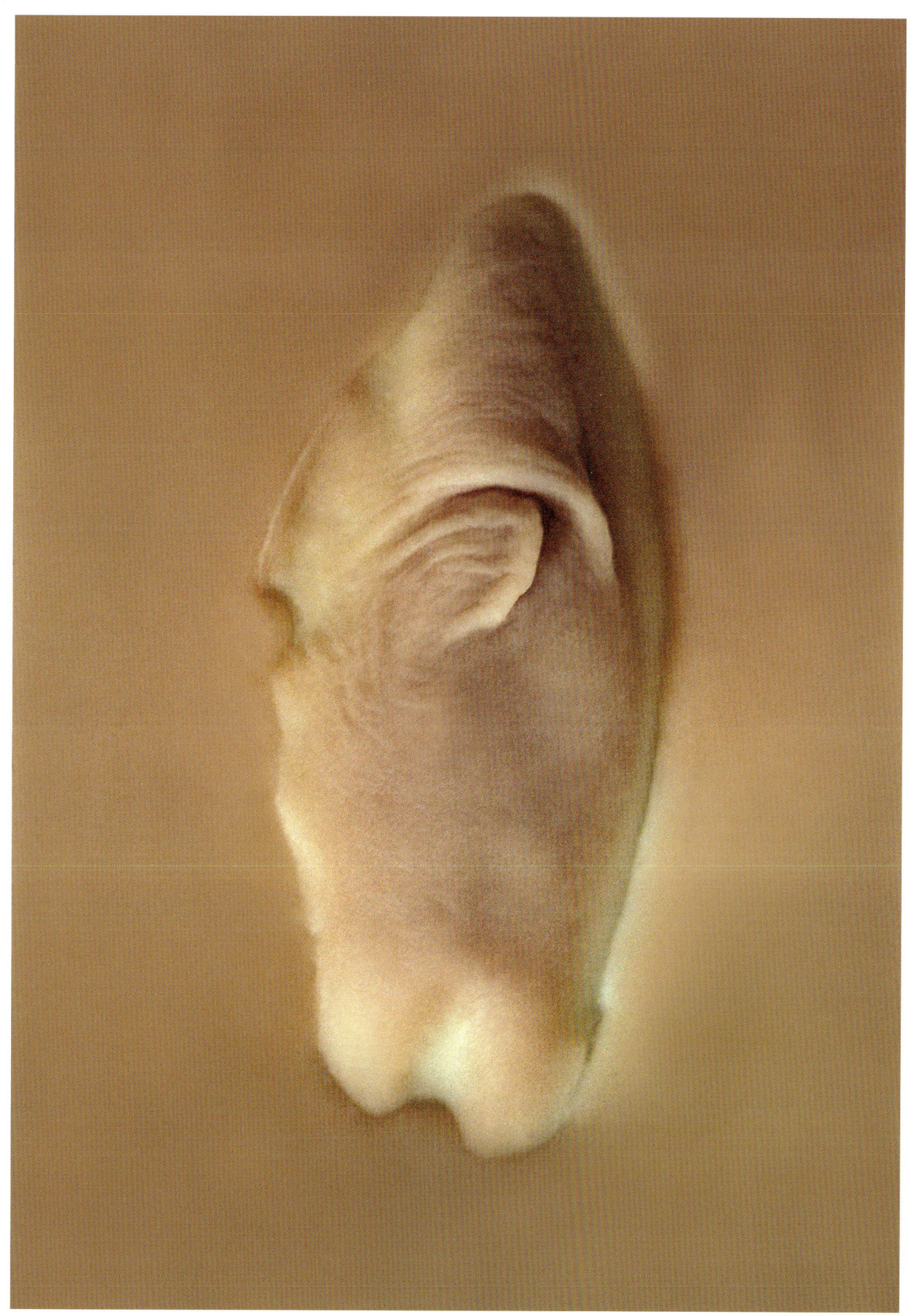

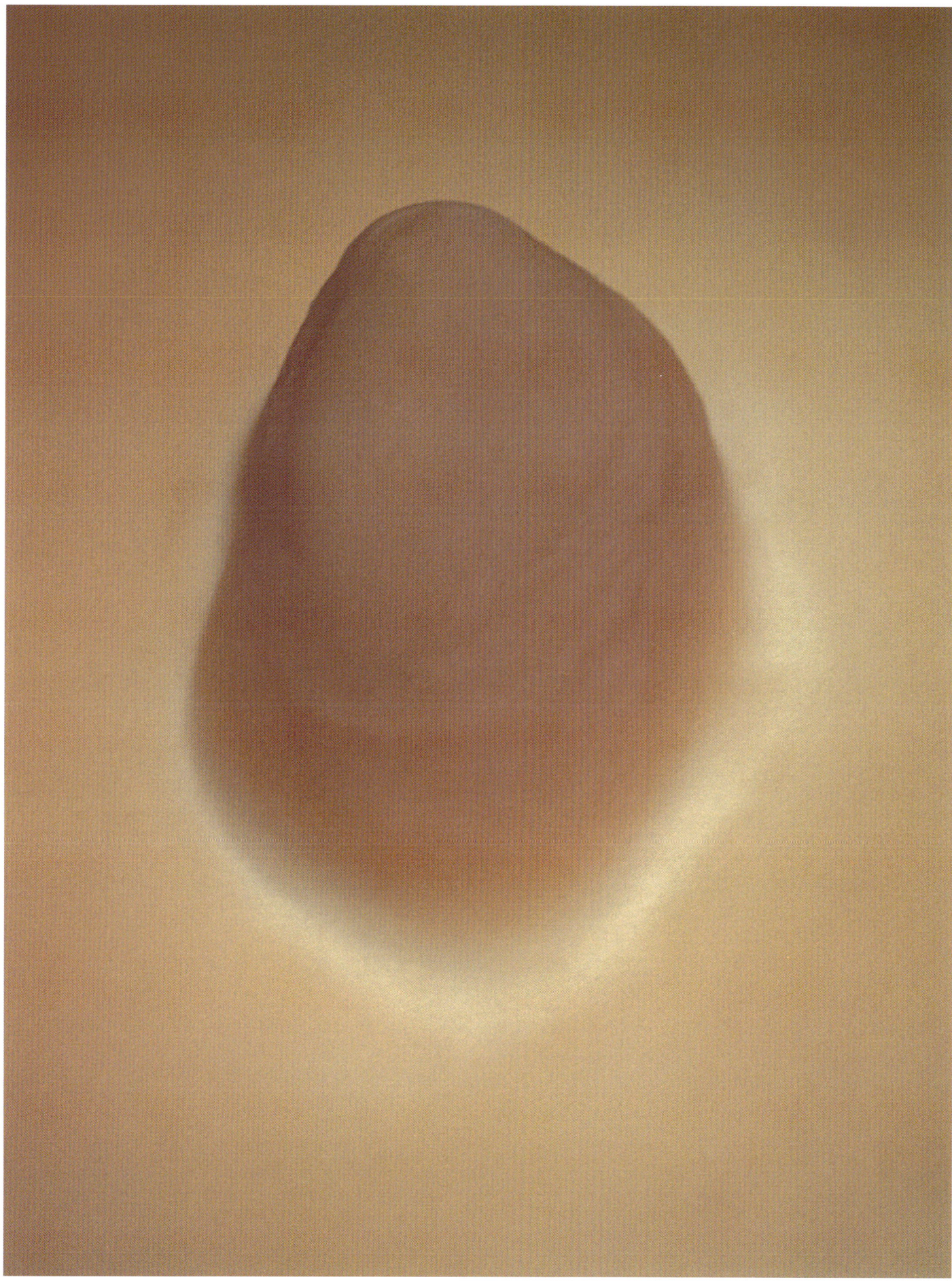

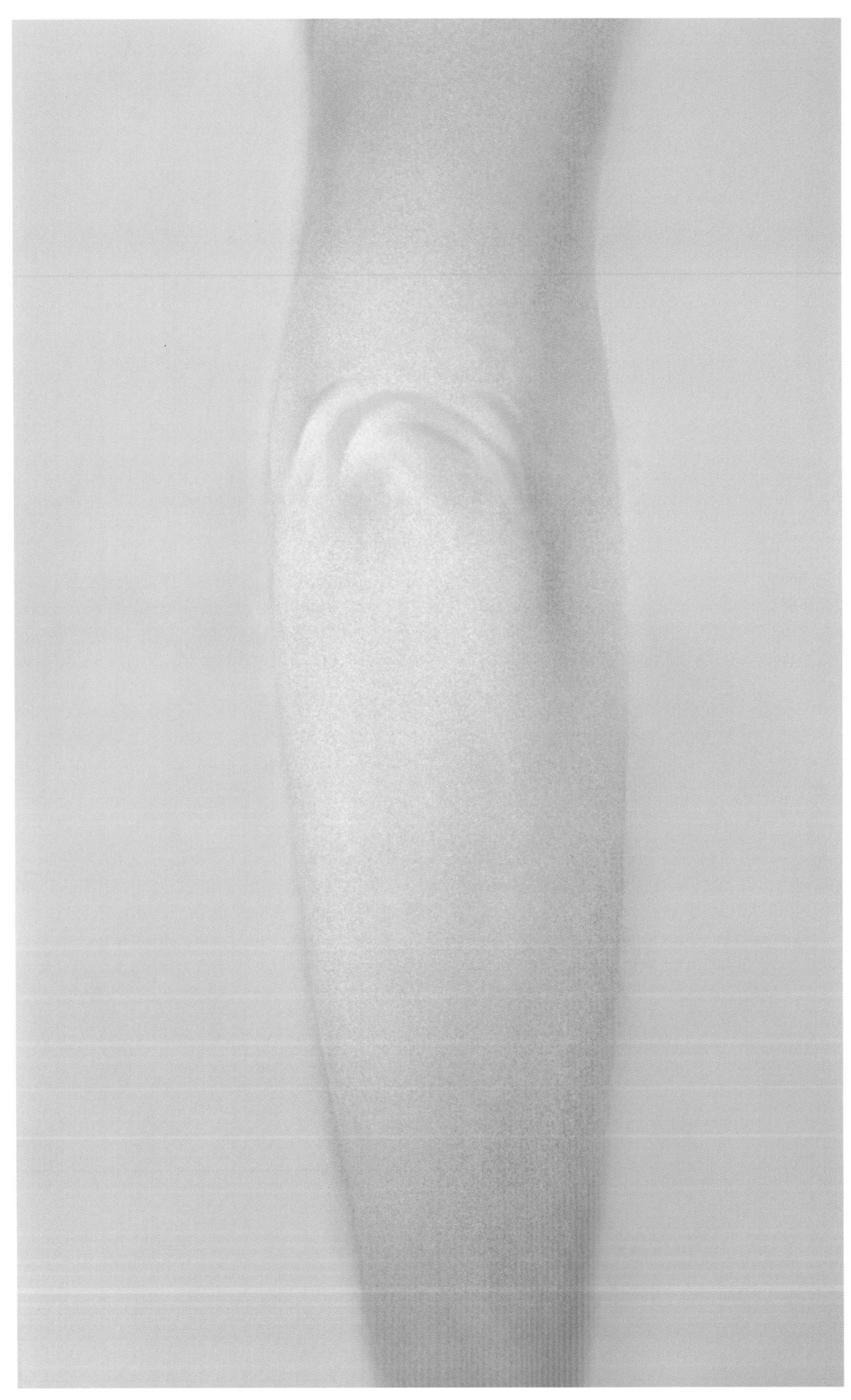

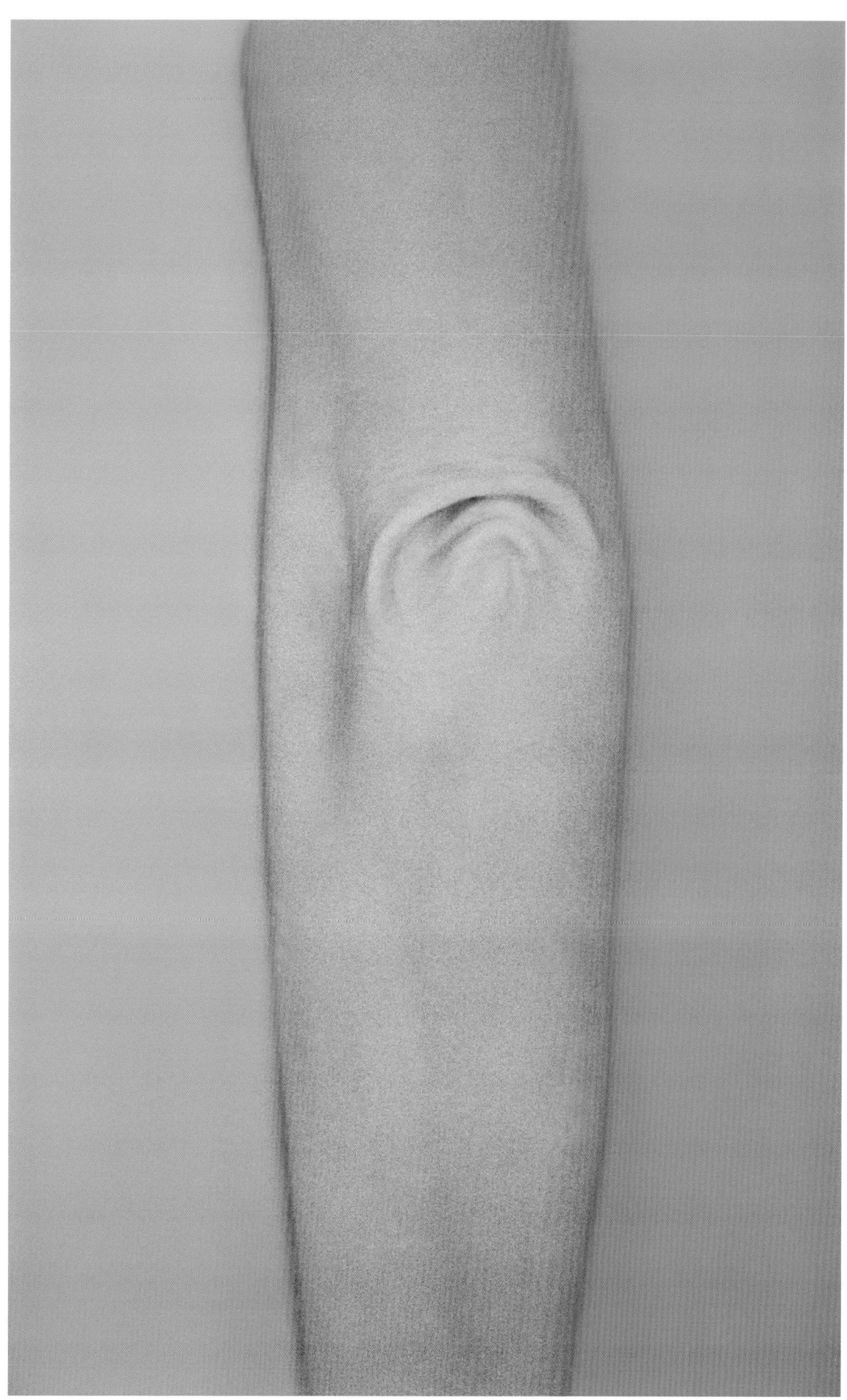

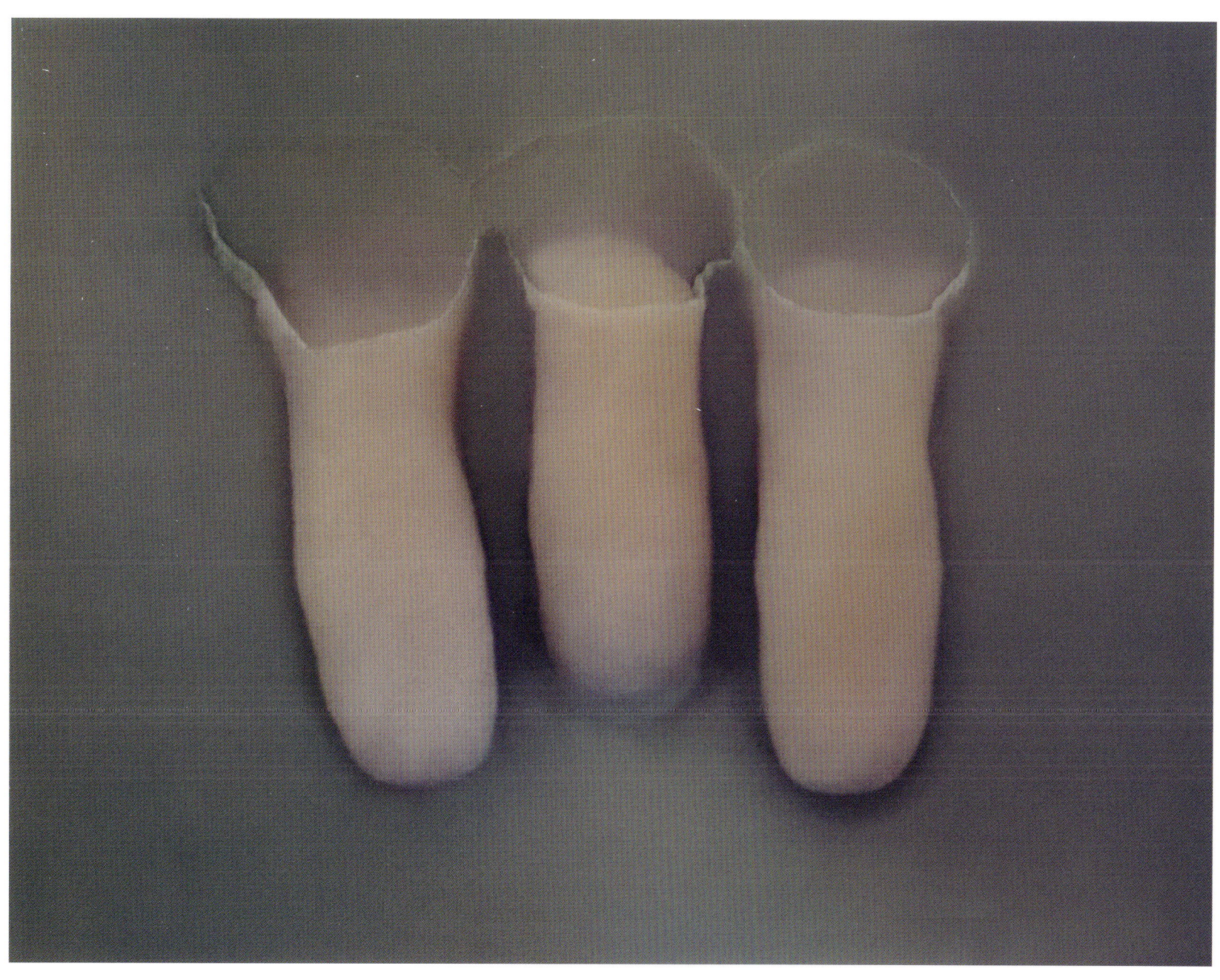

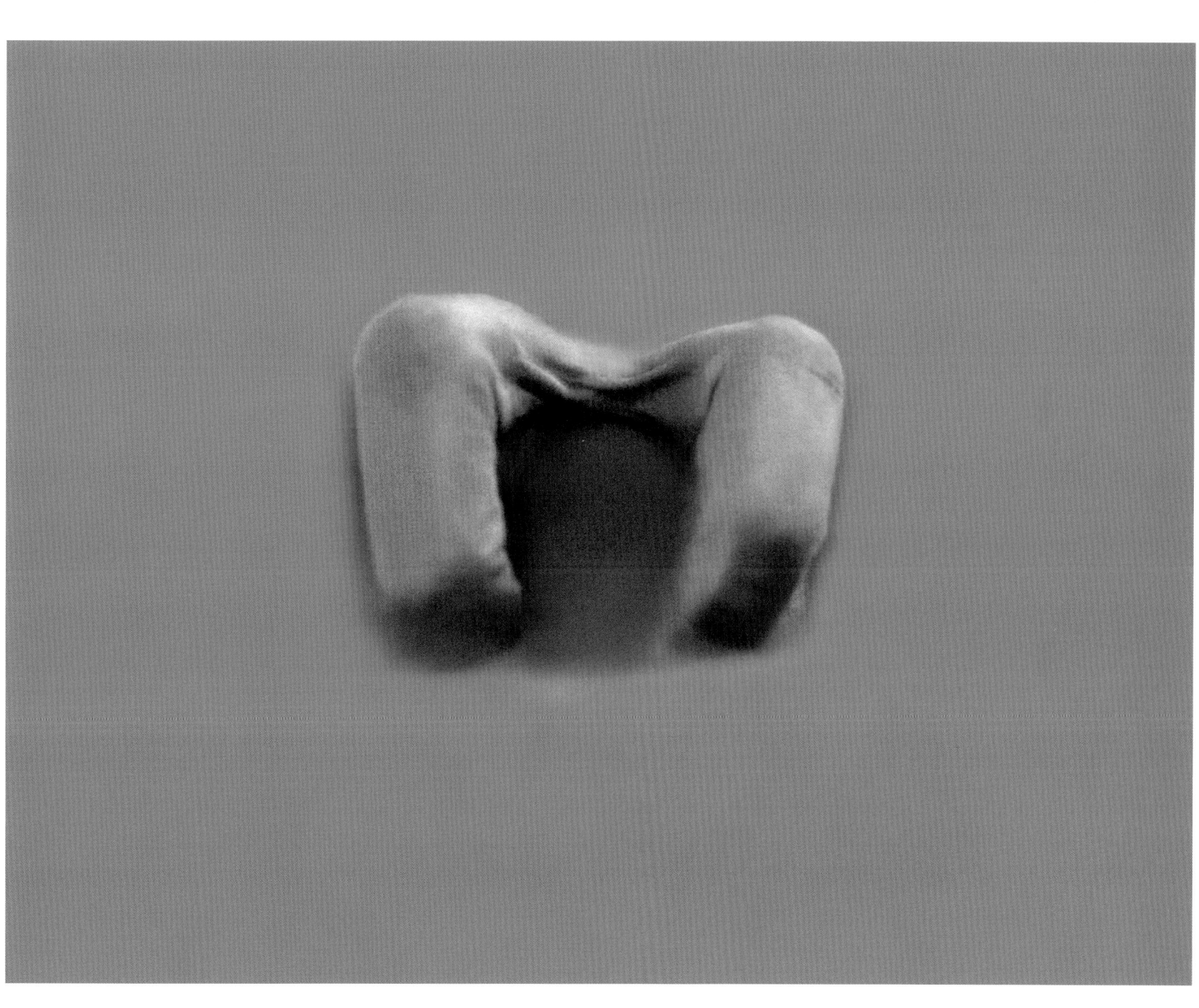

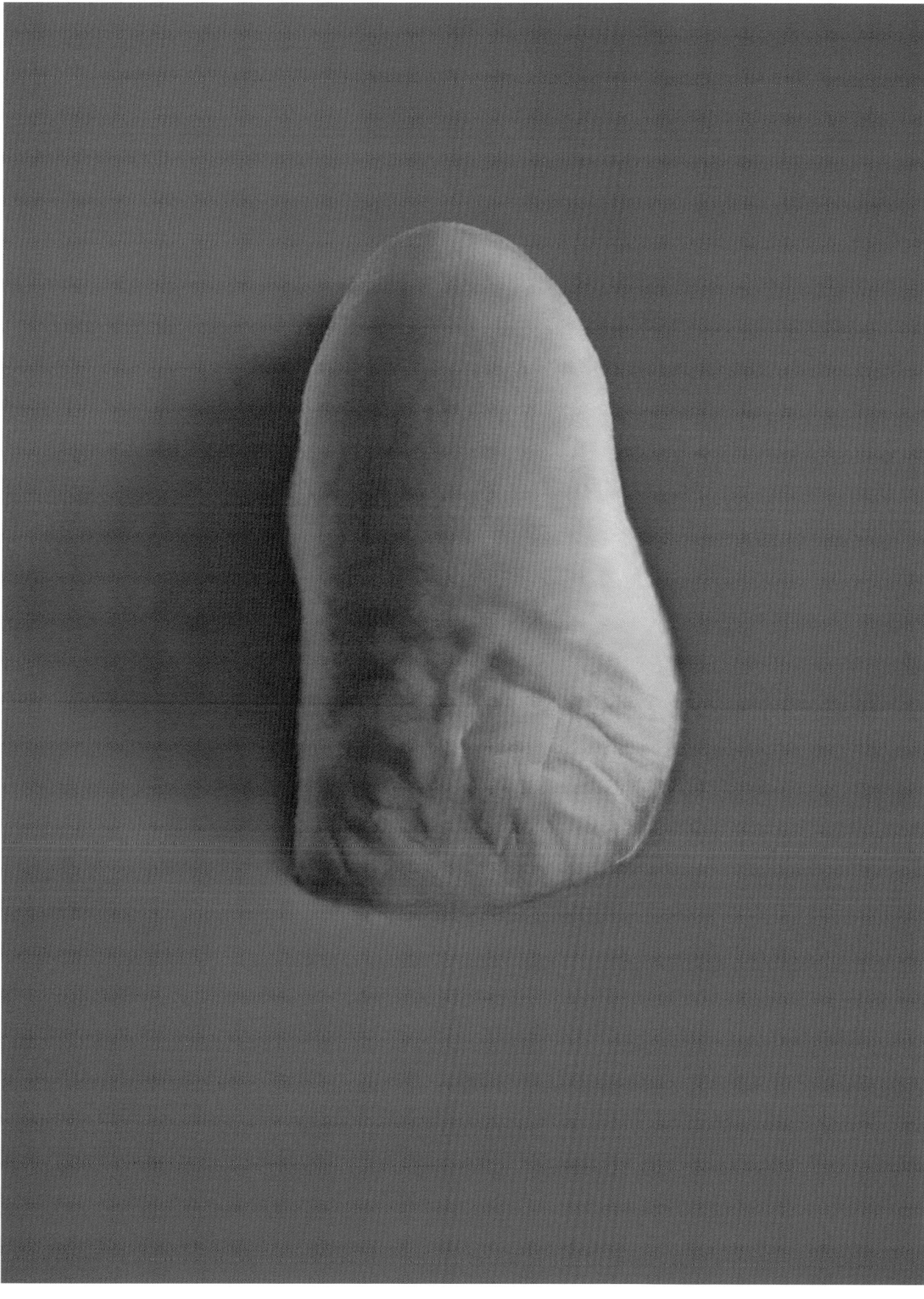

Relief Drawings

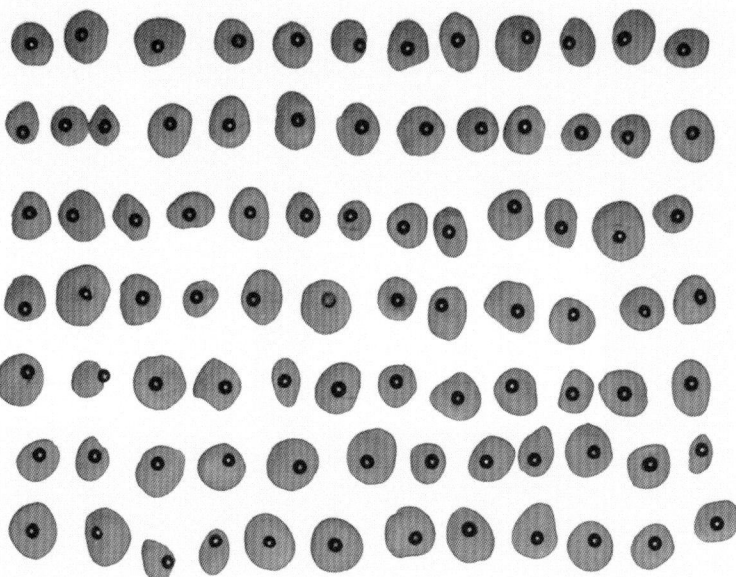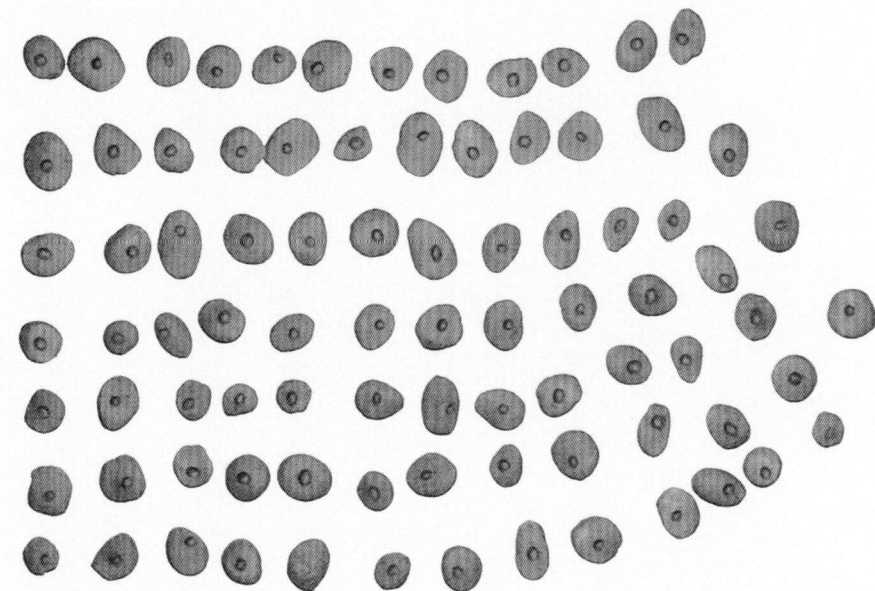

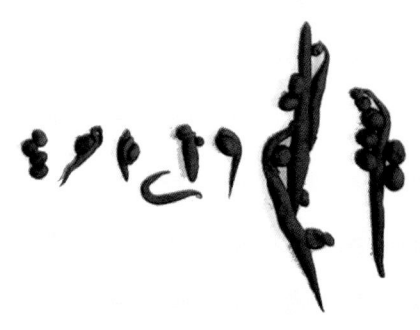

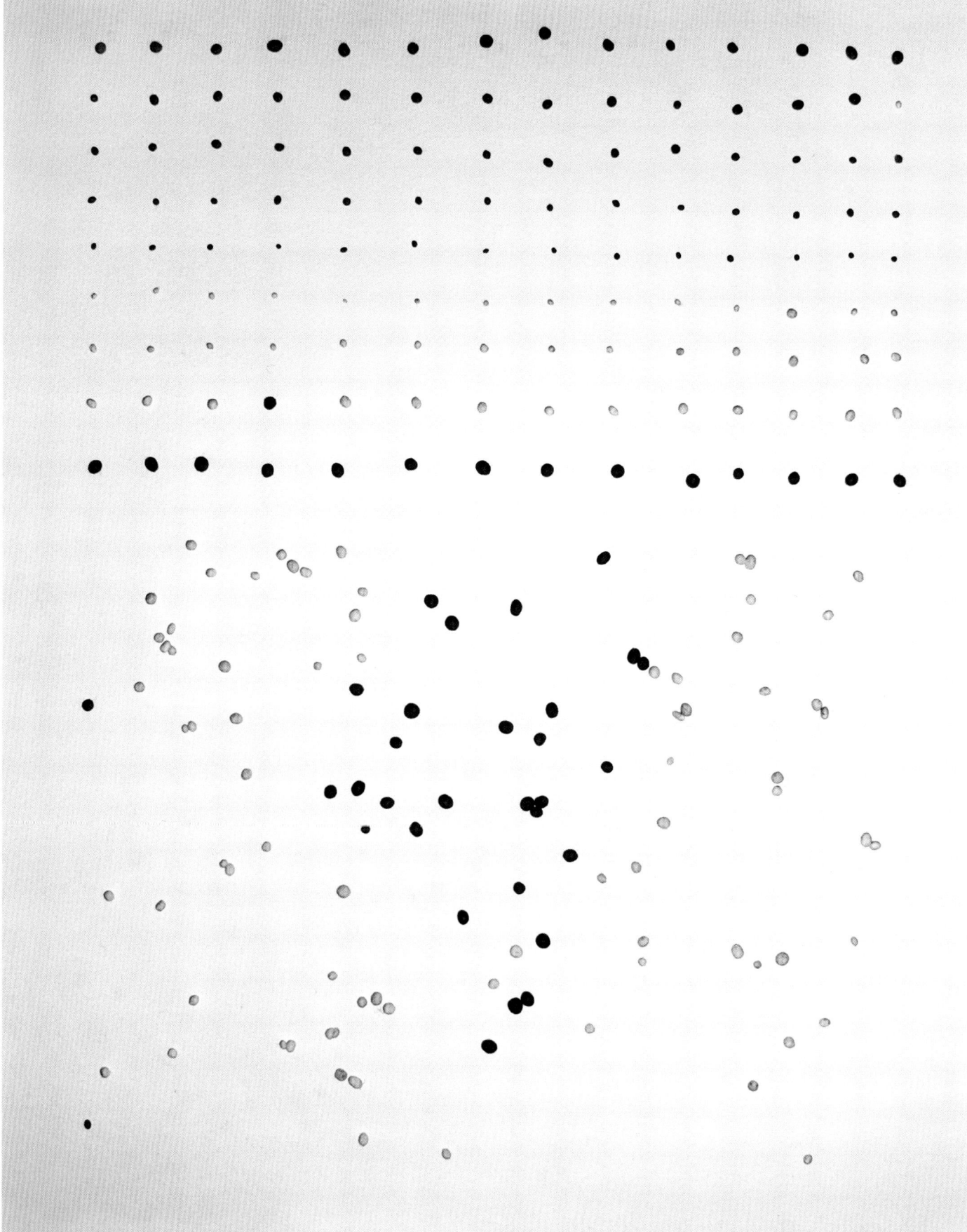

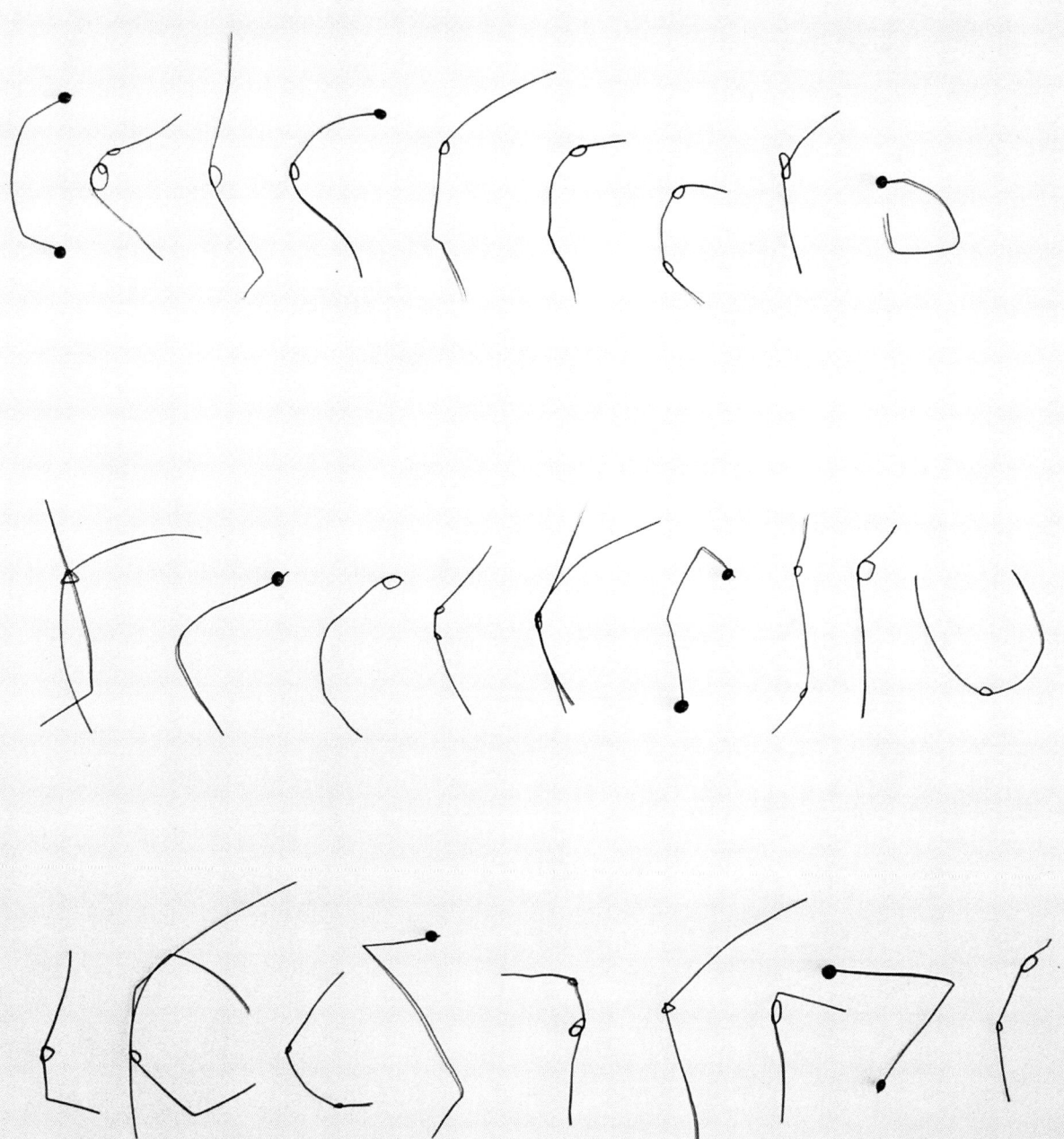

Photographs V

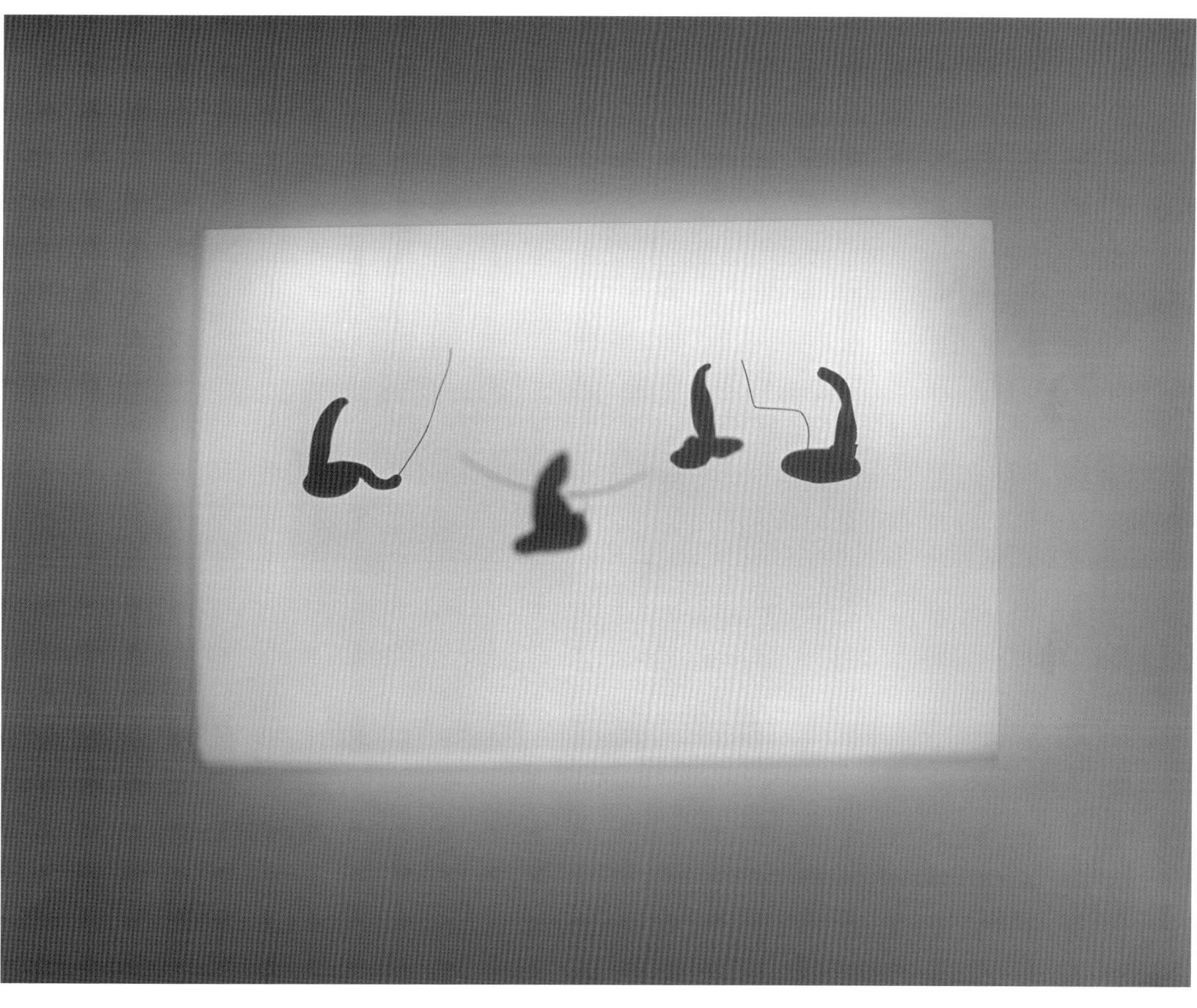

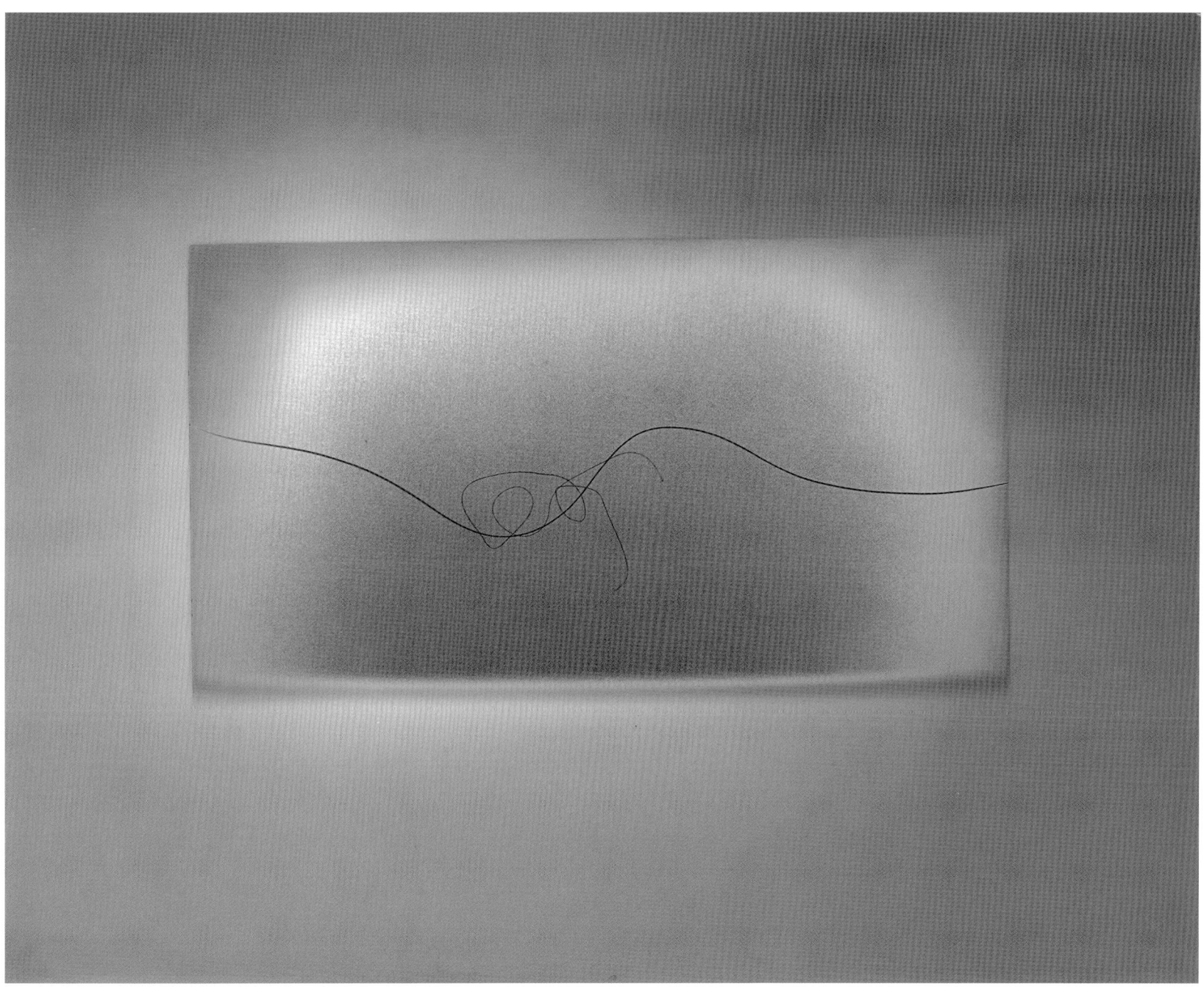

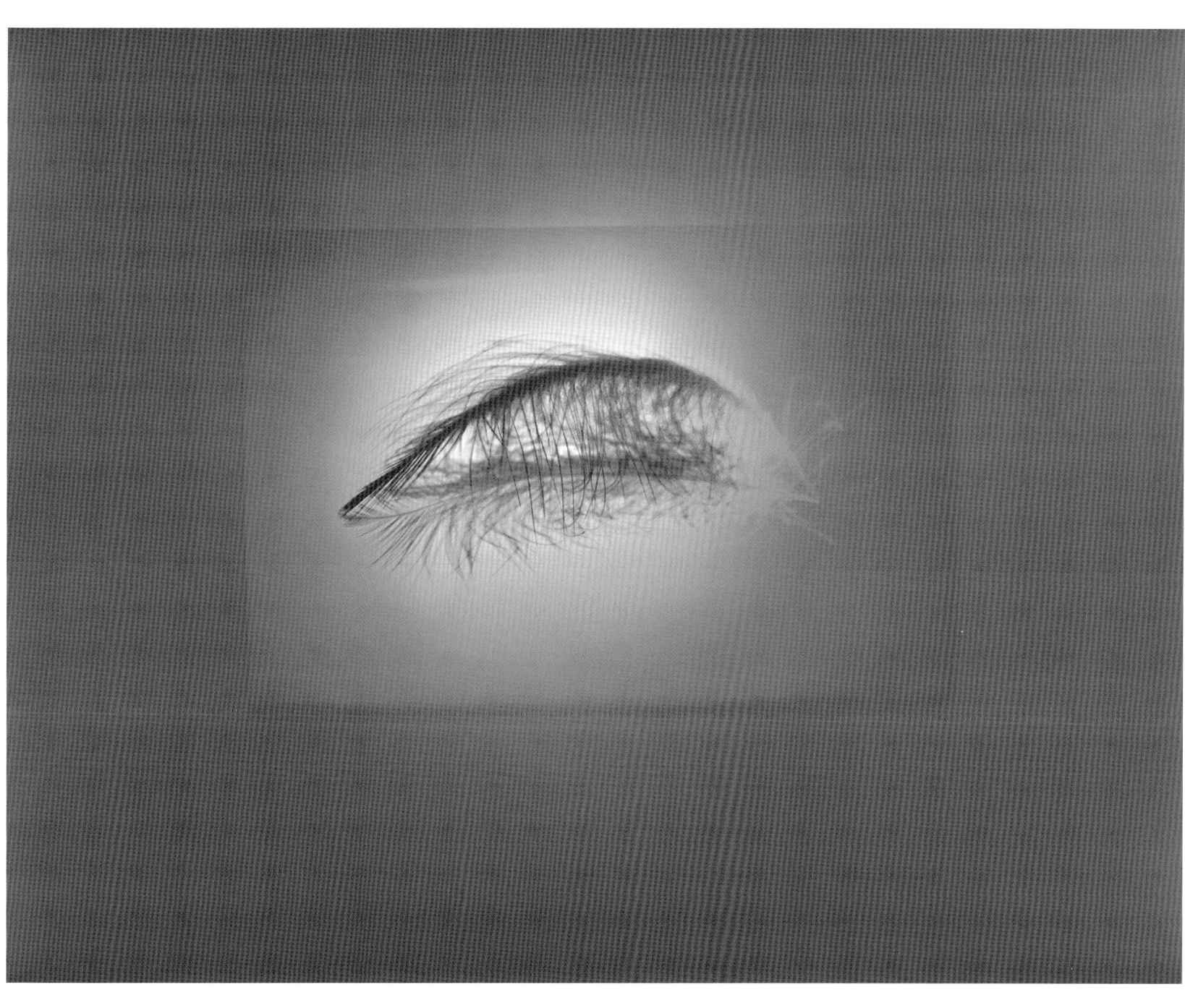

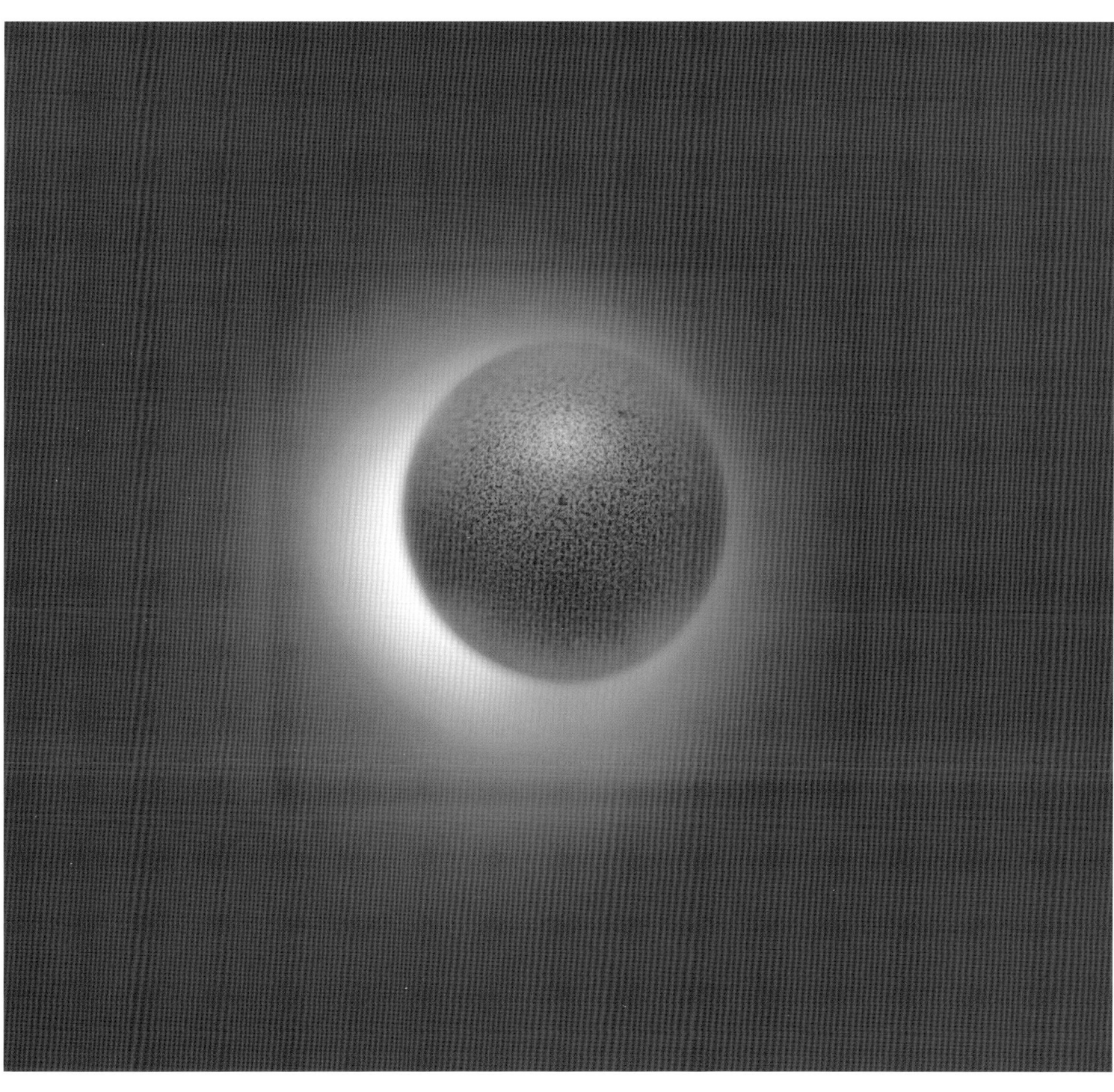

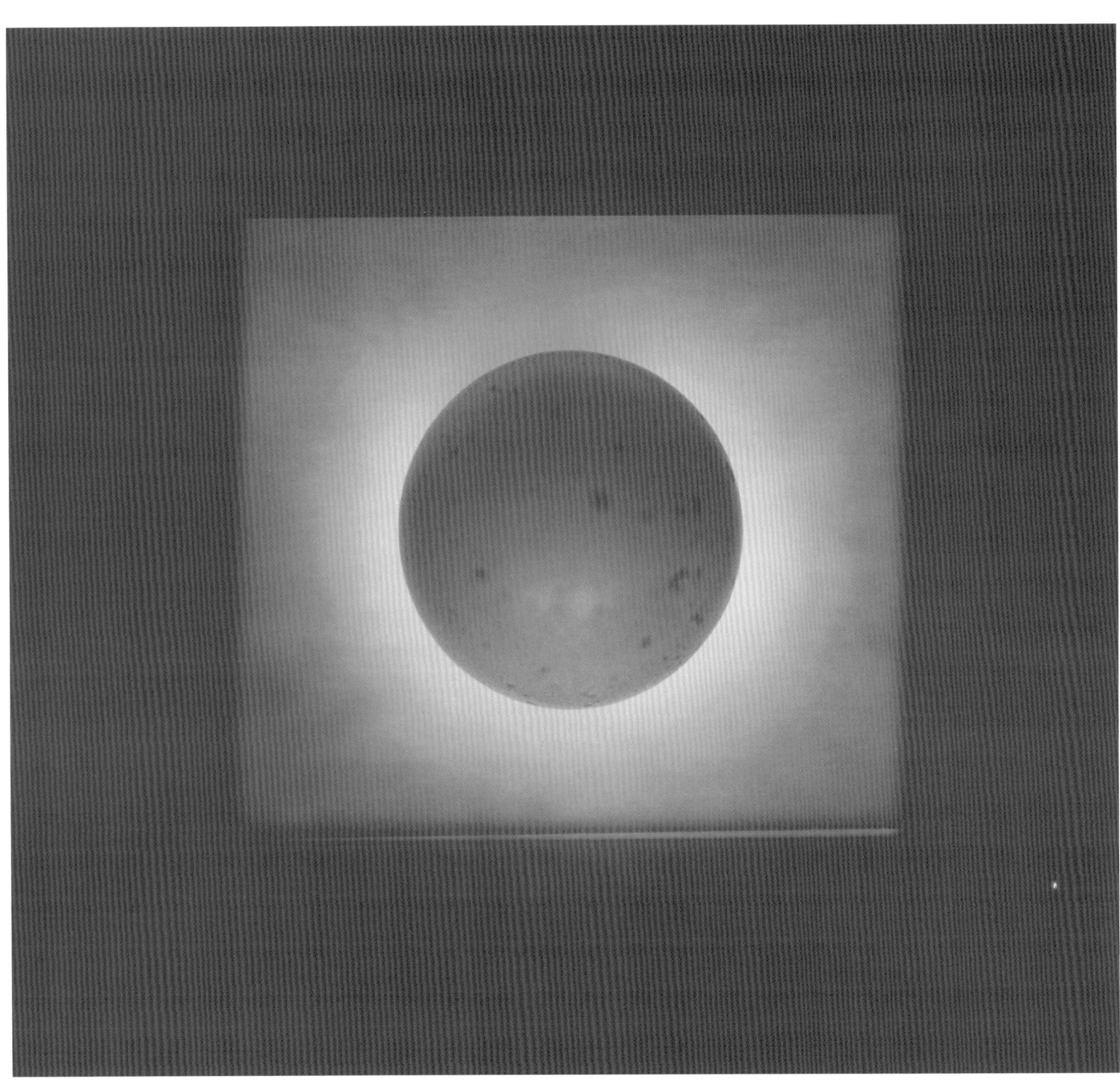

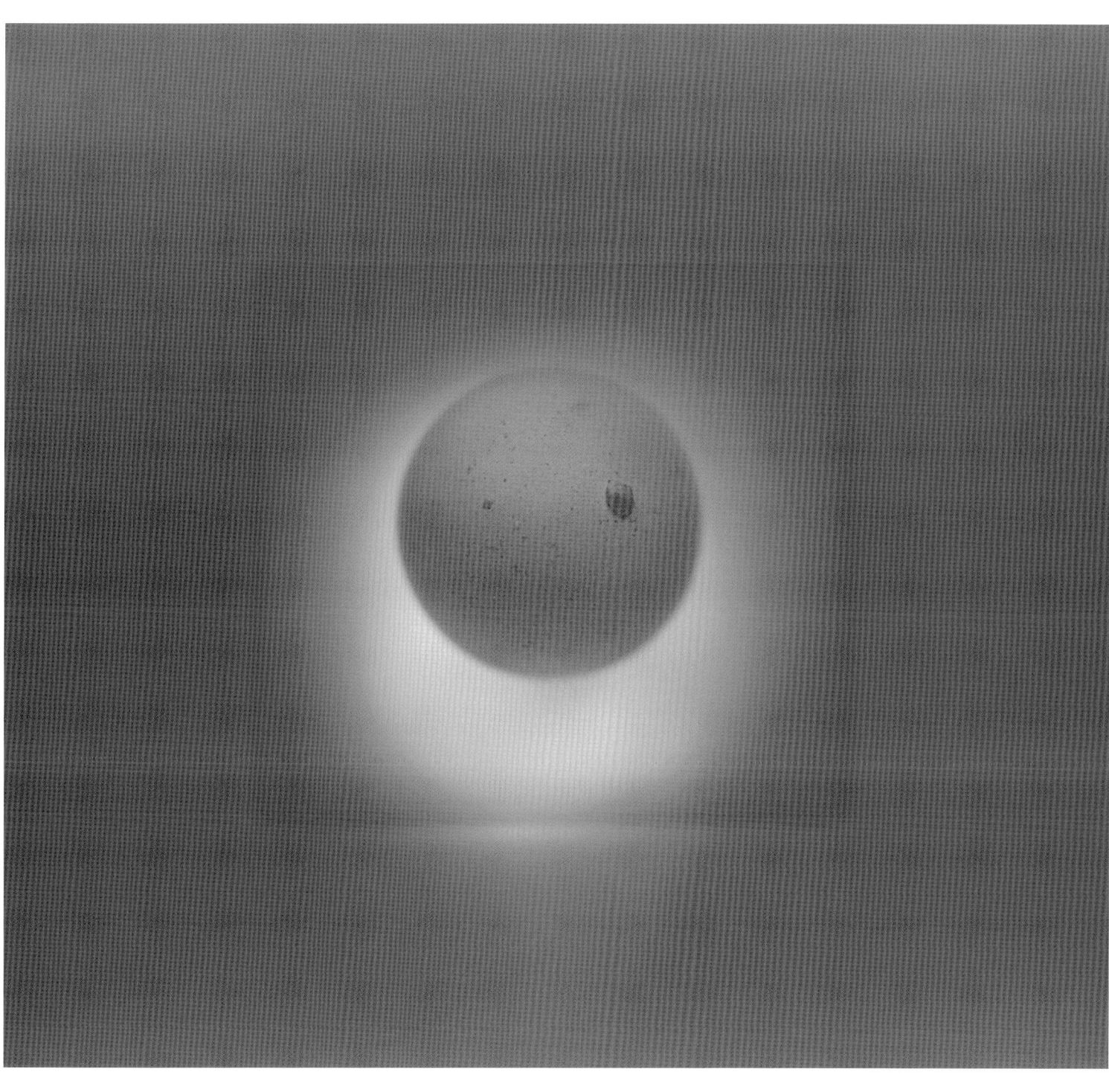

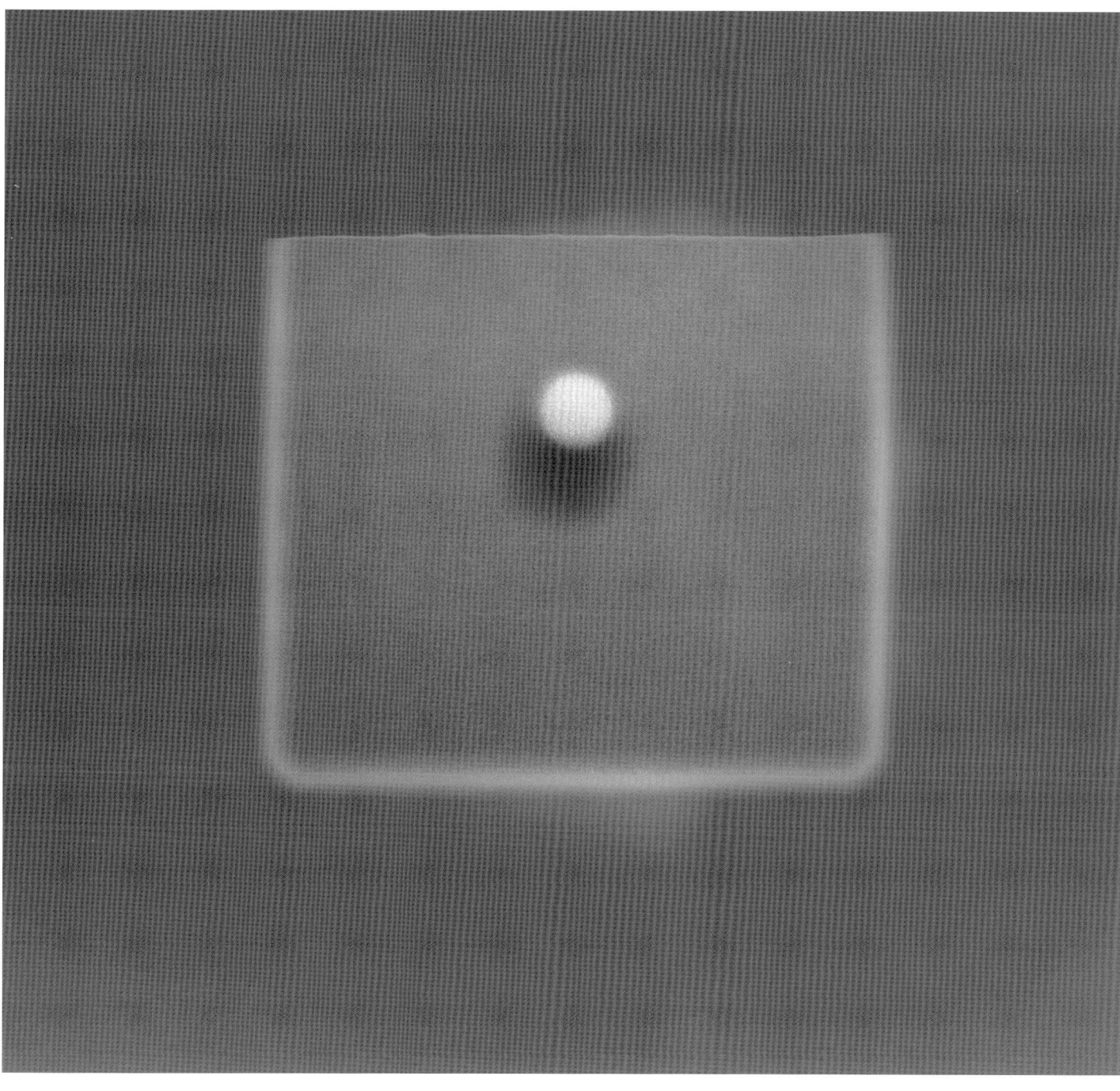

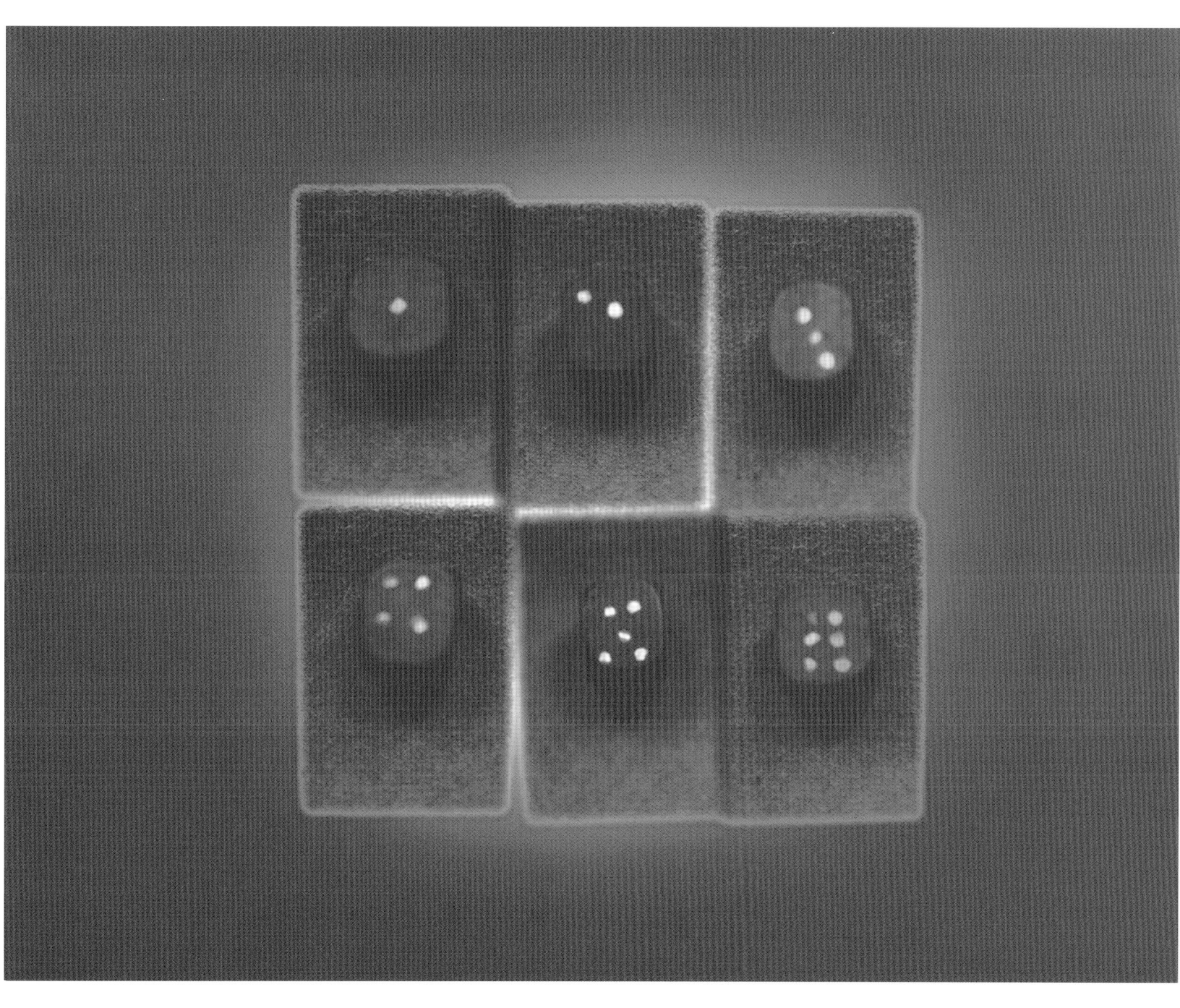

Legitime Erbin des Surrealismus

Die vorliegende Publikation erfasst die Arbeiten der letzten Jahre der in Brooklyn (New York) lebenden amerikanischen Künstlerin Ann Mandelbaum. Sie schließt an zwei Bücher an, die vorher erschienen sind, beides Kataloge von Wanderausstellungen. Mit ihnen hat sie auch noch einige wesentliche Fotografien, Bilder, die zum Verständnis ihres Oeuvres wichtig sind, gemeinsam, dokumentiert jedoch vor allem den inzwischen eingetretenen Wandel und die ästhetische Erweiterung durch neue Medien.

Man kannte Mandelbaum vor allem als Produzentin verrätselter Körperbilder, die fürs erste an Röntgenaufnahmen, graue oder bläulich verschattete, lichterfüllte Bilder des menschlichen Körpers, Augen, Wimpern, Mündern oder Zungenpartien erinnerten. Dieser Bildband will nun die ersten beiden Bände ergänzen, aber auch dokumentieren, dass ihr das dreidimensionale Arbeiten auf zwei unterschiedlichen Ebenen sowie der Einsatz des Videos wichtig wurden. Was die dreidimensionale Arbeit betrifft, die Skulpturen, so folgen die faksimilierten Abgüsse von Körperdetails eines Knies, eines Fußes, einer Hand oder mehrerer übereinander geschichteter Hände dem Prinzip der Fotografie in deren Dialektik von Positiv und Negativ.

Das Material, eine gummiartige, transparente Silikonmasse gibt die Oberfläche der Haut wieder, jedes Detail ihres Alterungs- und Verfallsprozesses, aber gleichzeitig durchdringt das Licht die Skulptur, versetzt die Körper in einen Schwebezustand. Die Abgüsse repräsentieren einen Bereich des dreidimensionalen Arbeitens, der wie nahezu alle anderen Bereiche auf den ›Leib‹ gerichtet ist. Man könnte durchaus versucht sein, diese Objekte im Kontext einer medizinischen oder anthropologischen Sammlung zu sehen, wären sie nicht durch die Beziehung von Boden und damit verhaftetem Objekt, die Farbigkeit und als Skulpturen bestimmt.

Ann Mandelbaum ist für mich eine der interessantesten und faszinierendsten Surrealistinnen nach dem Surrealismus. Die Künstlerin bedient sich fotografischer Techniken und Erfahrungen, wie wir sie bereits aus dem klassischen Surrealismus, den Fotografien Man Rays, der Amerikaner Meatyard, Laughlin, Sommer, aber auch des Deutschen Wols kennen. Ihnen allen ging es um die Fragmentierung des Körpers und die damit einhergehende Verrätselung, aber auch um Öffnung, Verletzung und das Geheimnisvolle und Poetische körperlicher Handlungen, deren unmittelbare Funktion nicht einsichtig ist. Hier kann man durchaus auch die berühmte Szene von Salvador Dali in Buñuels Film *Un chien andalou* vergleichsweise einblenden.

Der Mund, aber auch das Auge, also Öffnungen, die der Kommunikation des Menschen mit der Außenwelt dienen, spielen für Ann Mandelbaum eine zentrale Rolle und die Überlagerung dieser neutralen Situationen mit sexuellen und oral-analen Bedeutungsebenen haben ihr Werk vor allem für ein Publikum, welches sich mit der Tradition des Surrealismus auseinandersetzte als eines der am konsequentesten agierenden und eigenständigsten Werke empfohlen.

Mandelbaum fügt jedoch den Erfahrungen des Eros, des körperlichen Austausches, der Sekretionen, die Beobachtung der Oberfläche des Körpers der Haut in Analogie zur zweidimensionalen Fotografie hinzu und setzt sich damit mit verschiedenen noch tabuisierten Bereichen auseinander. Neben der Sexualität spielt der Verfall des Körpers, das größte Tabu der menschlichen Vorstellungskraft, der Tod, eine zentrale Rolle.

Wir haben bislang noch nicht vom zweiten Bereich dreidimensionalen Arbeitens gesprochen: Es handelt sich um wenige zentimetergroße – man könnte meinen – mit der Lupe gestaltete Objekte, Objekte, die einerseits als ursprüngliche Modelle der Fotografie gedient haben könnten aber de facto nachher entstanden sind.

Als ich das erste Mal in ihr Atelier kam, hatte die Sammlerin Mandelbaum vertrocknete Früchte und Samen auf den hölzernen Simsen ihres Wohnzimmers liegen. Die kleinen Objekte, die sie heute realisiert, erinnern daran. Sie hat sie über mehrere Monate in totaler Abgeschiedenheit der Natur entwickelt, und lassen entweder an japanische Netsukes oder an eine Familie von Insekten, seltsamen Käfern etwa, die sie in ihren unterschiedlichen Mutationen auf Tabletts und in Vitrinen präsentiert, denken.

Ist einerseits die fotografische Arbeit in ihren Dimensionen größer geworden und verlässt das intime Format, so arbeitet sie im Bereich der kleinen Objekte, aus einer Spielmasse für Kinder geschaffen und poliert, mit künstlerischen Gegenständen, die stellenweise nur mit der Lupe gesehen werden können, mit der sie offensichtlich auch realisiert wurden. Ann Mandelbaum schärft unsere Imaginationskraft und provoziert unsere assoziative Fantasie.

Ann Mandelbaums Oeuvre ist dem Seltsamen und Wunderbaren gewidmet. Sie löst sich hier von Eros und Tod und wendet sich der Endlichkeit der sich wandelnden Körper und der Unendlichkeit der poetischen Erfindung sowie den ständigen Deutungsversuchen unserer Existenz zu.

Peter Weiermair

Bricolage mit Körper und Seele

Schon seit ihren ersten Fotos war der fragmentierte Körper – das Lieblingsthema der Surrealisten – eines der wichtigsten Motive Ann Mandelbaums. Ebenfalls faszinierte sie die Ambiguität und der geheimnisvolle Zauber, der einzelne Organe wie Auge, Mund oder Zunge umgibt, wenn sie durch Solarisierung oder Verwendung einer Vergrößerungslinse manipuliert werden.

Obwohl sie international als Fotografin bekannt ist, kann das Werk von Ann Mandelbaum in das weite Feld der Body Art eingereiht werden, da sie hauptsächlich mit ihrem eigenen Körper arbeitet. Was sie jedoch von anderen Ansätzen dieses Gebiets unterscheidet, die den Körper zum Gegenstand von Aggressionen (wie bei Gina Pane oder dem Wiener Aktionismus) oder einem heroischen Exhibitionismus (wie bei Marina Abramovic) machen, ist die Tatsache, dass für sie der Körper ein Feld für formale Experimente ist.

Viele ihrer Motive haben mit Sexualität zu tun und eines ihrer Hauptthemen sind Haare und das menschliche Haupthaar. Mir kam dabei ein Kommentar von Motherwell zum Stellenwert des Haars in der Kunst von Miró in den Sinn: »Überall Haare, Schamhaare, Achselhaare, Haare auf Brustwarzen, Haare um den Mund herum, Haare auf dem Kopf, am Kinn, in den Ohren, Haar aus einzelnen Haaren, die im Winde wehen und so sensitiv auf Berührungen reagieren wie die Antennen von Insekten (…), Haare, die in Extase tanzen.« ("Hair is everywhere, pubic hair, underarm hair, hair on nipples, hair around the mouth, hair on the head, on the chin, in the ears, hair made of hairs that are separate, each hair waving in the wind as sensitive to touch as an insect's antenna (…) hairs dancing with ecstasy."[1]) Auch bei Ann Mandelbaum werden Haare genau unter die Lupe genommen, mit der Hingabe der Primitiven. Haare, die wie Antennen aus einer Brustwarze sprießen, Haare oder Fäden, die sich wie Arabesken durch einen Raum abgestufter Grautöne schlängeln, Haare, die sich neben Sperma- oder Schweißtropfen ringeln, vibrierend sich aufrichtende Wimpern, Haare, die sich zu Büscheln zusammenballen. Die Brustwarzen, diese von Picasso wie

Knöpfe oder Schlitze und von Miró wie Kreisel oder Pupillen dargestellten Organe, werden von Ann Mandelbaum aus allen nur erdenklichen Blickwinkeln und Perspektiven abgebildet: In Nahaufnahme, die an einen Türknauf gemahnt oder aus einem flachen verwischenden Winkel, der ihre runden und flachen Elemente einer Saturnlandschaft gleichen lässt.

Ein weiteres erotisches Organ, das sie mit Vorliebe porträtiert, ist der Mund. Aus ihm schauen vielerlei Objekte hervor. Nicht nur die körnige oder nasse, runde oder spitze Zunge, sondern auch Früchte, die ihn verstopfen und seine ovale Form verändern. Ihr technisches Können ist hervorragend. So erzeugt zum Beispiel die Solarisierung bei zwei sich berührenden Zungen den Eindruck zweier in eine Art granitene Topographie eingebetteter glänzender nasser Kiesel.

Es ist typisch für Ann Mandelbaum, dass ihre Fotos ein seltsam zwiespältiges Gefühl der gleichzeitigen Anziehung und Abstoßung oder je nach Betrachter nur das Eine oder das Andere hervorrufen, wie dies auch bei einem weiteren emblematischen Werk des Surrealismus der Fall war. Ich meine die Pelztasse – *Objet (Le déjeuner en fourrure)* – von Meret Oppenheim, die bei der Vorstellung, die Haare (einer Gazelle) zum Mund zu führen, sowohl Ekel erregte als auch die männliche Fantasie beflügelte, wenn sie, wie im Falle der Surrealistengruppe, mit einem *Cunnilingus* in Verbindung gebracht wurde. Ann verwendet in der Tat die Mehrzahl der surrealistischen Fototechniken wie etwa die Überlagerung von Elementen oder die Solarisierung, um den so geschätzten geheimnisvollen Eindruck hervorzurufen oder ausgehend von alltäglichen Bildern eine neue Form zu schaffen.

In dem hervorragenden Video *White Sites* (2005) öffnet sich eine vollkommen weiße Fläche mittels eines roten Spalts, der sich als Mund entpuppt. Diese Öffnung ›kristallisiert‹ zu einer Art flüssigem Auge (eigentlich unter Weglassung der Zähne und mithilfe einer Seifenblase), das sich schließlich in einen unergründlichen Brunnen verwandelt, aus dem eine flatternde phallische Zunge heraus lugt. Anstelle der klassischen Assoziation Mund-Auge-Vagina, einer Metapher für die *Vagina dentata*, die Angst der Männer, vom weiblichen Geschlecht sowohl im direkten wie auch im übertragenen Sinn verschlungen zu werden, schlägt Ann Mandelbaum eine Geschlechterverschiebung vor: Dieser Mund, den wir aufgrund seiner Kleinheit für einen weiblichen Mund halten, beherbergt eine phallische Zunge. So enthält der begehrende Körper bereits das Objekt seiner Begierde, den Phallus in Aktion. Man könnte sagen, dass in Anns Werk eine Erotisierung aller Organe und der kleinen Gesten existiert. Im Folgenden ist ein Finger, der ein Auge reibt, gleichzeitig eine Penetration und eine abgeschwächte Fassung des Rasiermessers, das in Buñuels *Un chien andalou* das Auge ritzte und unweigerlich Angst und Ekel hervorrief. In einem offenen Mund bewegt die Zunge rhythmisch zwei Brombeeren hin und her, die einen sanften und zugleich frenetischen Tanz voller erotischer Assoziationen aufführen, in dem die Beeren als Hoden fungieren.

Alles in dieser Arbeit hängt mit dem Konzept der Metamorphose zusammen. Schon Diderot sagte, dass die Welt ununterbrochen anfängt und aufhört, und dass der Blick abgesehen von der Metamorphose keine feste Form erfassen kann: »Alle Wesen zirkulieren eins im anderen (…), alles ist permanent im Fluss… Alle Tiere sind mehr oder weniger Mensch; alle Mineralien sind mehr oder weniger Pflanze; alle Pflanzen sind mehr oder weniger Tier. In der Natur gibt es nichts Präzises (…) Was ist ein Wesen? Die Summe einer bestimmten Anzahl Tendenzen…«[2]

In Anlehnung an Brassaï, der zwei Grotten (*Troglodyte*, 1936, veröffentlicht in *Minotaure*) in Nasenlöcher verwandelte, stellt Ann Mandelbaum ihre eigenen Nasenlöcher in einer extremen Nahaufnahme als geheimnisvolle Höhlen dar.

Ein weiterer Teil ihrer Ausstellung umfasst die eindrucksvollen, wenngleich kleinen Plastiken von Fragmenten ihres eigenen Körpers. Sie sind aus Silikon modelliert, weich und angenehm anzufassen, doch die Tatsache ihrer Zerstückelung macht sie zu Reliquien oder Kleinobjekten, die wie Insekten, Mineralien oder Fossilien in kleinen Kästen ausgestellt werden. Mit dem Blick der Paläontologin betrachtet, haben diese Körperteile (ein Ellbogen, ein Knie, ein paar Finger) ebenso viel Anteil am Leben wie am Tod. Sie haben viel von Votivobjekten oder Grabbeigaben (wer würde sich nicht an die in Pompeji gefundenen Hände und Füße erinnern, oder an die Totenmasken), doch sind sie gleichzeitig sehr lebendig: einmal mehr ein Paradigma für die unheimliche surrealistische Fremdheit, an der sich die Grenze zwischen beseelt und unbeseelt verwischt.

Auch sie sind als Objekte einzigartig und doch universell. Ihre gepriesenen Vorgänger in der Kunst des 20. Jahrhunderts sind die Hand- und Fußabformungen von Rodin, der Abguss, den Picasso 1937 von seiner Faust anfertigte sowie die 1947 von Marcel Duchamp und Enrico Donati angefertigte Vorstudie zu *Prière de toucher*. Doch die Nähe und gleichzeitige Ferne der Abformung oder des Abdrucks (Nähe zum Körper, der als Modell dient; Ferne, die durch die Zerstückelung und die Technik des Modellierens entsteht) wird bei Ann Mandelbaum zu poetischen Variationen, wenn sie kleine, im allgemeinen aus Ton gefertigte Plastiken mit abstrahierten anatomischen Formen in Vitrinen stellt. Mit ihnen schließt sich der Kreis, der bei der Fotografie begann und vom extremen Detail bis zur totalen Abstraktion reicht. Eins ist eindeutig klar: Das neuere Werk von Ann Mandelbaum ist ergreifend und kraftvoll. Es schafft eine neue Wahrnehmung von etwas Altbekanntem, von etwas so Klassischem und Unmittelbarem wie es die Anatomie ist.

Victoria Combalia

1 Robert Motherwell, *Joan Miró* in: Art News 58, Nr. 4, Mai 1959
2 Diderot, *Le rêve d'Alembert*, Paris, Didier, 1951, S. 55-56

White Sites

> »Ich mag sozusagen das Glitzern und die Farbe, die aus dem Mund kommt, und ich habe immer irgendwie gehofft, den Mund so malen zu können, wie Monet einen Sonnenuntergang gemalt hat.« (Francis Bacon)

Ann Mandelbaum erforscht ihre Welt in obsessiver Nahsicht. Zunächst waren es die Dinge des Alltags und Fragmente der Natur, die sie ins Auge fasste, heute ist es vor allem der menschliche Körper. In ihrer fotografischen Bildwelt wird er in wundersamer, mitunter zutiefst befremdlicher Weise magisch verrätselt. Dabei haben für den parzellierenden Blick Ann Mandelbaums vor allem jene »Auswüchse und Abzweigungen besondere Bedeutung, die den Leib außerhalb des Leibes fortsetzen, die ihn mit anderen Leibern oder mit der nichtleiblichen Welt verbinden.«[1] Michael M. Bachtin beschreibt so die Züge des grotesken Leibes. Mit Hingabe und Präzision ertastet Ann Mandelbaum in ihren Bildern die Haut, die den Körper umgibt, besonders jene Partien, wo sie sich faltet und kräuselt, aufwirft, wölbt, beugt und buchtet, jene Regionen, in denen die Haut »gleichsam Bildträger und Leinwand der Sinne«[2] ist.

Mit ihrer ersten abgeschlossenen filmischen Arbeit bleibt Ann Mandelbaum auf dem Schauplatz des Körpers: *White Sites* ist eine Folge von kurzen Filmen, die jeweils auf einer maskengleichen, weißen Bildfläche rosige Partien – unbeständige amorphe Ovalformen – freistellen. Für die 20 – 30 Sekunden der einzelnen kleinen Filme vollführen die wundersamen Formen überraschende Bewegungen in unterschiedlichen Tempi. Es sind flüchtige Gebilde, deren Auftauchen und Verschwinden unkalkulierbar ist. Die farbliche Anmutung von *White Sites*, die Palette von blassestem Rosarot bis hin zum Dunkelviolett auf Weiß, ist verführerisch wie ein süßes Dessert. Nach anfänglicher Verwirrung im Körpertopographischen sind als Darsteller Mund, Lippen, Zunge, Mundhöhle, Nase und Auge auszumachen – obwohl sie sich immer wieder in der Abstraktion verlieren. Fast unvermeidlich, vor allem dann, wenn Körperflüssigkeiten zur Anschauung kommen, kippt vormals Delikates ins Unappetitliche bis hin zum Ekelhaften.

Sekundenlang zuckt ein nasser und fleischiger Zungenmuskel absonderlich auf und ab. Er glitscht in permanenter Deformation rastlos hin und her, vor und zurück. Hält das strapazierte Zungenbändchen das verlangende Züngeln des Schleimhäuters im Zaume, so droht das Verschlungenwerden. Schließlich haben u.a. Mona Hatoum, Pipilotti Rist und Stelarc mit endoskopischen Kamera-Augen diese Schwelle längst überschritten. Außer dem Mediziner ist der Betrachter in diesen Bildern allerdings gefangen und haltlos verloren. Mit dem endoskopischen Blick hat der Körper sein Gesicht eingebüßt und noch dazu stellt sich eine unerwartete Steigerung von Nacktheit ein: die Nacktheit unter der Haut. Zweifellos berührt *White Sites* zum Beispiel mit dem penetranten Blick auf den geöffneten Mund ein Tabu. Dennoch bleibt Ann Mandelbaum mit Respekt, mit einem Gespür für die Verletzlichkeit und zeitgenössische Gefährdung des Körpers, an seinen Übergangszonen, den Höhlen, Löchern, Beugen, Spalten, Ritzen und Furchen. Dies sind die Zonen, die geeignet sind, die Verlockungen der Fantasie, die Imagination des Betrachters, zu beflügeln. So kann das behaarte Naseninnere die Assoziation eines zusammengekauerten, friedlich atmenden Tieres erstehen lassen und zugleich frappant in der formalen Entsprechung zum Bild zweier Lungenflügel werden. Ebenso kann ein solches Bilderschaffen, das auf die Poesie des Metamorphotischen setzt, geradezu Schauerliches hervorbringen: Bei manchem dürfte jene Sequenz von *White Sites*, die den Blick in eine dunkle Mundhöhle auf etwas Fusselig-Haariges richtet, einen körperlichen Reflex hervorrufen. Schließlich scheint die nun pelzbesetzte Zunge zu einem in der Mundhöhle rumorenden Tier mutiert zu sein. Zudem evoziert das dunkle Fell auf der Zunge das in jeder Kultur tief verwurzelte Unbehagen gegenüber deplazierten und absonderlichen Behaarungen. Dabei ist entwicklungsgeschichtlich betrachtet der Kontakt der Zunge mit den Objekten der Umwelt, gerade auch mit der Fell-

Haut des Anderen, unbedenklich und vielmehr überlebensdienlich. Lebewesen lernen zu allererst über die tastende Zunge die lebendige Welt von der Welt der Objekte zu scheiden. Die Pelztasse Meret Oppenheims, *Objet (Le déjeuner en fourrure),* (1935/36), gab in diesem Sinne schon zu denken, um zugleich die Erotik zu thematisieren, die in der Berührung von Lippen, Zunge und Pelz liegt.

»Ich mag sozusagen das Glitzern und die Farbe, die aus dem Mund kommt, ...«, so faszinierte sich der Maler Francis Bacon[3], der den Mund (und den Schrei) einer expressiven malerischen Untersuchung unterzog. Ann Mandelbaum steckt sich in *White Sites* für die Erforschung ihrer Obsession allerdings einen ganz engen Versuchsrahmen. Ihre Kurzfilme leben von der Einfachheit und Konsequenz in der Wahl der Einstellung und ›story‹. Dazu gehört ein kniffliges Körper-Kunststück: die Hervorbringung von Spucke-Blasen allein mit der dosierten Atemluft und den Lippen. Gelingt es, so präsentiert der Mund ganz unerwartet einen ›schwindsüchtigen‹ Film, der abstrakte, tanzende Formen zur Aufführung bringt. ›Pellicule‹, so erinnert Didier Anzieu, bedeutet im Französischen sowohl ›Häutchen‹, ›Schutzfilm‹ als auch ›Film‹ im fotografischen Sinne.[4]

Die bewegten Bilder Ann Mandelbaums sind ungleich verspielter als ihre so stillen und konzentrierten Fotografien voller samtiger Sinnlichkeit und Schönheit. Als Capriccios entlocken die kurzen Sequenzen von *White Sites* dem Betrachter ein Schmunzeln oder gar Lachen – vor allem dann, wenn es zuckt und flutscht, rüscht, schnalzt, schmatzt und sabbert. Die mal schüchternen, mal frechen Exerzitien, die albernen Faxen und Fratzen erinnern an kindliche Selbstversuche vor dem Spiegel. Und so verführt auch *White Sites* weit mehr als die in sich ruhenden Fotografien Ann Mandelbaums zur fühlenden Selbstvergewisserung des Betrachters, zum mehr oder minder verstohlenen Nachvollzug. Dieser unwillkürliche Imitationsreflex ist ein seit alters her bekanntes Phänomen. Schon Seneca hat es für den Anblick Gähnender beschrieben. In jüngster Zeit hat die Hirnforschung bewiesen, dass wir gar nicht anders können, da die so genannten Spiegelneuronen (motorische Nervenzellen) die Mimik eines (auch bloß abgebildeten) Gegenübers widerspiegeln und in Personalunion zugleich die eigenen Reaktionen anregen können.

Motorik und Physiognomie des Körpers stehen in unseren Tagen unter schärfster Kontrolle. Diametral dem konfektionierten Kussmund und dem normierten Lidschlag der Werbeindustrie entgegenarbeitend, rückt Ann Mandelbaum mit ihren filmischen Kabinettstückchen vermeintlich triviale Gesichtsregungen und -übungen ins Blickfeld: Mit *White Sites* entfacht sie unser Staunen über das so unermüdliche wie sensationelle Grotesktheater unserer Lippen, unserer Zunge, unserer Nase und der Augen.

Annett Reckert

1 Michail M. Bachtin, *Literatur und Karneval,* Frankfurt am Main 1996, S. 16
2 Michel Serres, *Die fünf Sinne. Eine Philosophie der Gemenge und Gemische,* Frankfurt am Main 1999, S. 88 (Titel der frz. Originalausgabe: *Les cinq sens. Philosophie des corps mêlés,* Paris 1985)
3 David Sylvester, *Gespräche mit Francis Bacon,* München 1982, S. 52
4 Didier Anzieu, *Das Haut-Ich,* Frankfurt am Main 1996, S. 271 (Titel der Originalausgabe, *Le Moi-peau,* 1985)

Der Körper als Terra incognita

Eine fremde, seltsame Bildwelt eröffnet sich in Ann Mandelbaums Fotografien. Es ist eine überaus ästhetische Bildwelt und dennoch läuft uns bei ihrem Anblick ein Schauer über den Rücken. Ann Mandelbaums Terrain ist der Körper, den sie jedoch nie in seiner Ganzheit zeigt, sondern immer nur in kleinsten Detailansichten wiedergibt, sodass es zunächst schwer fällt, sich zu orientieren. Erst nach längerem Hinsehen wird man sich bewusst, dass das, was man zunächst für sexuell besetzt und mitunter für obszön hielt, eine einfache Hautfalte am Auge oder am Ellbogen ist. Zungen die sich aus Mündern feucht glänzend hervorwölben und deren Textur sie als inneres Organ ausweist, wirken wie unheimliche Wesen, die aus dem Körperinneren herauswachsen. Früchte und Pflanzen, die den Mund füllen und bis zum Ersticken auszustopfen scheinen, berühren den Betrachter unmittelbar. Ann Mandelbaum mobilisiert mit der Thematisierung von Körperöffnungen Ängste und setzt mit ihren Fotografien, die nicht nur an den Surrealismus sondern auch an futuristische filmische Dimensionen erinnern, mitunter beklemmende Fantasien in Gang. Subtil lenkt die Künstlerin unsere Wahrnehmung auf die Empfindlichkeit und Verletzbarkeit des Körpers. Auch wenn in einem Bauchnabel bloß eine Hülsenfrucht liegt oder der Mund eine Tomate umschließt, sind wir in unserem Körpergefühl tangiert, denn es sind Fremdkörper, die unsere Haut besetzen. Mandelbaum lässt trotz aller Inszenierung der Fotografie die Frage nach Lust- oder Unlustgefühlen offen.

Erkundet die Künstlerin Zonen des Körpers, die für einen Austausch zwischen Innen und Außen stehen, wie die Sinnesorgane Mund, Augen, Ohren oder Nase, so interessiert sie sich gleichwertig für unscheinbare Körperdetails, wie die Behaarung rund um Brustwarzen oder Nabel, Augenbrauen oder Wimpern. In monumentalisierten Bildern, die wiederum die Zuordnung zu bestimmten Körperregionen oft kaum zulassen, führen stachelige Haare ein widerspenstiges Eigenleben. Sie stehen monströs von der Haut ab, aus der sie hervor sprießen und werden auf seltsame Weise zu tastenden Fühlern. Je genauer und dadurch näher Haare und Haut in Augenschein genommen werden, umso mehr verwandelt sich scheinbar Bekanntes in ein abstraktes Bild. Haare werden zu grafischen Zeichen, Haut zu einer gefurchten, von Höhen und Tiefen durchzogenen Landschaft. Stets arbeitet Ann Mandelbaum trotz visueller Direktheit mit dem Moment rätselhafter Mehrdeutigkeit.

Dies gilt auch für ihre Skulpturen, die trotz ihrer haptischen Qualitäten und ihrer räumlich fest umrissenen Präsenz eine Vielzahl von Lesarten zulassen. Wie in ihrem fotografischen Werk konfrontiert uns die Künstlerin mit fragmentarischen Körperansichten. Es handelt sich dabei um in Silikon gegossene Objekte, die allein schon aufgrund ihrer Materialität anziehend und abstoßend zugleich wirken. Das Material ist geschmeidig, weich, aber auch fest. Viel eher als es Gipsabgüsse vermögen würden, trägt das Silikon die Assoziation zur Haut in sich. In den Fotografien begegnen wir immer wieder der Region um den Ellbogen, wo sich bei durchgestrecktem Arm die Haut in abstruse Falten wirft. In den dreidimensionalen Arbeiten hingegen legt Ann Mandelbaum den Fokus auf die Gelenkzonen unter umgekehrtem Blickwinkel. Ein Knie, Unterarme oder Finger werden im Zustand der Anspannung präsentiert. Es ist ein Zustand, der die Haut über den Knochen und Muskeln spannt, sie jung und elastisch aussehen lässt und nichts von ihrem allmählichen, unaufhaltsamen Verfall und Alterungsprozess erzählt. Die unheimliche Dimension dieser Körperabgüsse eröffnet sich uns einerseits in poetischer Weise, wenn wir ineinander verschränkte Finger zunächst wie steinerne Erhebungen in einem Zengarten lesen, ein Knie wie ein erhabener, aus der Fläche des Wassers aufragender Eisberg wirkt oder eine eingerollte Zunge vorgibt, ein abstraktes Kunstobjekt zu sein. Andererseits sind wir auf fatale Weise an ein Lager von Prothesen erinnert, wenn sich halbe, immer identische Füße, mit ihrer Unterseite nach oben, übereinander stapeln oder Armstümpfe seriell gereiht in Vitrinen liegen. In Korrespondenz zu diesen Ersatzteillagern stehen wiederum einige Fotografien, in denen wir scheinbar mit monströsen Verwachsungen konfrontiert werden, die uns an missglückte Experimente der Genforschung denken lassen.

Blicken wir zurück in die Geschichte von Kunst und Kultur, so finden wir eine erstaunliche Fülle an plastischen Körperfragmenten, die unterschiedlichen Zwecken dienten[1]. Bis ins 19. Jahrhundert waren Ateliers und Akademien voll von Armen, Beinen und Torsi, die für das Studium der menschlichen Architektur bereit gestellt wurden, um ein realistisches Bild des Menschen in seinen Bewegungen und Muskelspielen wiedergeben zu können. Während es in der Kunst lange Zeit um die Darstellung eines idealen Menschenbildes ging, wandte sich die naturwissenschaftliche Forschung vor allem auch den kranken, deformierten Teilen des Körpers zu. Wachsplastiken in anatomischen Museen zeugen von den Kuriositäten der Natur. Indem Ann Mandelbaum ihre plastischen Arbeiten in Vitrinen präsentiert, knüpft sie unter anderem an diese Schaumodelle an. Ihre Sicht des menschlichen Körpers beruht nicht nur auf einer exakten Wahrnehmung des eigenen Leibes, sondern auch auf dem Wissen um den gesellschaftlichen Wandel der Repräsentation des Körperbildes. Gerade angesichts der Versprechen von Chirurgie und Gentechnologie, den Körper von Krankheit und Alterungsprozessen befreien zu können, entfalten ihre Silikonplastiken aktuelle Brisanz. Sie formt keine Stellen des Körpers ab, derer sich normalerweise die Schönheitsindustrie auch unter Zuhilfenahme von Silikonpräparaten bemächtigt. Vielmehr lenkt sie unseren Blick wie in vielen ihrer Fotografien auf Körperregionen, die nicht von öffentlichem Interesse, aber Seismografen des eigenen Körperempfindens sind: die Füße, die uns tragen, die Gelenke die uns Bewegungsfreiheit sichern, die Zunge, die uns lustvoll schmecken und andere berühren lässt, die Haut, die trotz altersbedingtem Faltenwurf ihre Sensibilität nicht verloren hat. Vor allen vordergründigen physiologischen Aspekten sind es die psychologischen Dimensionen, über die sich das Werk von Ann Mandelbaum erschließt. Vergleichbar dem Exvoto, dem religiös motivierten Weihegeschenk, das über die realistische Wiedergabe von Körperfragmenten mit dem Glauben an Wunder und Heilung des ganzen Körpers verbunden ist, arbeitet sie auf einer symbolischen Ebene. Die Künstlerin ist eine feine, ja liebevolle Beobachterin, die uns den Körper als *Terra incognita* vorführt und gerade über ihre eigenwilligen Bildwelten neu zu erschließen vermag.

Beate Ermacora

[1] Vgl. Kat. *Das Fragment – Der Körper in Stücken*, Schirn Kunsthalle Frankfurt, Frankfurt am Main 1990

Werkliste

Seite 9 Vestige #1
Archival Digital Print, 60,9 x 45,7 cm
2003

11 Vestige #2a
Archival Digital Print, 76,2 x 101,6 cm
2003

13 Vestige #3/#4
Archival Digital Prints, 60,9 x 86,4 cm
2003

15 Vestige #5a
Archival Digital Print, 76,2 x 101,6 cm
2003

17 Untitled #209
Silver Gelatin Print, 27,9 x 35,6 cm
1999

19 Untitled #211
Silver Gelatin Print, 27,9 x 35,6 cm
1999

21 Untitled #165
Silver Gelatin Print, 27,9 x 35,6 cm
1999

23 Untitled #210
Silver Gelatin Print, 27,9 x 35,6 cm
2000

25 Untitled #40
Silver Gelatin Print, 27,9 x 30,5 cm
1996

27 Untitled #113
Silver Gelatin Print, 27,9 x 30,5 cm
1996

29 Untitled #99
Silver Gelatin Print, 27,9 x 30,5 cm
1995

31 Untitled #119
Silver Gelatin Print, 27,9 x 30,5 cm
1996

33 Untitled #168
Silver Gelatin Print, 27,9 x 30,5 cm
1996

35 Fur
Video Still (»White Sites«), 2003

36–37 Click
Video Stills (»White Sites«), 2003

38–39 Spit
Video Stills (»White Sites«), 2003

40–41 Cilia
Video Stills (»White Sites«), 2003

Seite 43 Untitled #79
Silver Gelatin Print, 27,9 x 35,6 cm
1994

45 Untitled #61
Silver Gelatin Print, 27,9 x 35,6 cm
1995

47 Untitled #62
Silver Gelatin Print, 35,6 x 27,9 cm
1995

49 Untitled #124
Gelatin Print, 27,9 x 35,6 cm
1996

51 Untitled #174
Silver Gelatin Print, 40,6 x 50,8 cm
1997

53 Untitled #49
Silver Gelatin Print, 50,8 x 40,6 cm
1992

55 Untitled #85
Silver Gelatin Print, 40,6 x 50,8 cm
1994

57 Cast #1
Silicone Body Cast, lebensgroß, 2003

59 Cast #2
Silicone Body Cast, lebensgroß, 2003

61 Cast #3
Silicone Body Cast, lebensgroß, 2003

63 Cast #4
Silicone Body Cast, lebensgroß, 2003

65 Cast #5
Silicone Body Cast, lebensgroß, 2003

67 Elements: Flesh Ia
Polymer Clay Sculpture
6er-Raster, je 2,5 – 7,6 cm, 2004

68 Elements: Flesh Ib
Polymer Clay Sculpture
3-teilig, je 2,5 – 7,6 cm, 2004

69 Elements: Flesh Ic
Polymer Clay Sculpture
3-teilig, je 2,5 – 7,6 cm, 2004

70 Elements: Silver Ia
Polymer Clay Sculpture
3-teilig, je 2,5 – 7,6 cm, 2004

71 Elements: Silver Ib
Polymer Clay Sculpture
3-teilig, je 2,5 – 7,6 cm, 2004

Seite 73 Elements: Copper I
Polymer Clay Sculpture
3-teilig, je 5,1 cm, 2004

75 Elements: Copper II
Polymer Clay Sculpture
3-teilig, je 0,83 – 1,3 cm, 2004

77 Elements: Flesh II
Polymer Clay Sculpture
16er-Raster, je 1,3 – 2,5 cm, 2004

79 Elements: Flesh III
Polymer Clay Sculpture
Vertikales Triptychon, je 1,3 – 2,5 cm
2004

80 Elements: Flesh IVa
Polymer Clay Sculpture, 3,8 cm, 2004

81 Elements: Flesh IVb
Polymer Clay Sculpture, 3,8 cm, 2004

83 Vestige #6
Archival Digital Print, 45,7 x 60,9 cm
2004

85 Vestige #7
Archival Digital Print, 45,7 x 60,9 cm
2004

87 Vestige #8
Archival Digital Print, 60,9 x 45,7 cm
2004

89 Vestige #9
Archival Digital Print, 45,7 x 60,9 cm
2004

90 Vestige #10a
Archival Digital Print, 86,4 x 53,3 cm
2004

91 Vestige #11a
Archival Digital Print, 86,4 x 53,3 cm
2004

93 Vestige #12
Archival Digital Print, 45,7 x 60,9 cm
2004

95 Vestige #13
Archival Digital Print, 45,7 x 60,9 cm
2005

97 Vestige #14
Archival Digital Print, 60,9 x 45,7 cm
2005

99 Glyph #1
Relief Drawing of Polymer Clay and Metal
27,9 x 35,6 cm, 2001

Seite 101 Glyph #2
Relief Drawing of Polymer Clay
27,9 x 35,6 cm, 2000

103 Glyph #3
Relief Drawing of Polymer Clay
35,6 x 45,7 cm, 2000

105 Glyph #4
Relief Drawing of Polymer Clay
27,9 x 35,6 cm, 2001

107 Glyph #5
Relief Drawing of Polymer Clay and Hair
50,8 x 50,8 cm, 2004

109 Glyph #6
Relief Drawing of Polymer Clay and Hair
50,8 x 50,8 cm, 2004

111 Game #1
Silver Gelatin Print, 27,9 x 35,6 cm
2004

113 Game #2
Silver Gelatin Print, 27,9 x 35,6 cm
2000

115 Game #3
Silver Gelatin Print, 27,9 x 35,6 cm
2002

117 Game #4a
Silver Gelatin Print, 27,9 x 30,5 cm
2001

118 Game #4b
Silver Gelatin Print, 27,9 x 30,5 cm
2001

119 Game #4c
Silver Gelatin Print, 27,9 x 30,5 cm
2001

121 Game #5
Silver Gelatin Print, 27,9 x 30,5 cm
2000

123 Game #6
Silver Gelatin Print, 27,9 x 35,6 cm
2000

Dieses Buch erscheint anlässlich der Ausstellung **Ann Mandelbaum – Thin Skin**

Canal de Isabel II, Madrid
7. Oktober – 4. Dezember 2005

Kunsthalle Göppingen
26. Februar – 9. April 2006

Kunstmuseum Mülheim an der Ruhr
Mai – Juli 2006

KATALOG

Herausgeber
Peter Weiermair

Übersetzung
Polisemia S.L.

Grafische Gestaltung und Satz
Andreas Platzgummer

Schrift
Frutiger Condensed, Akzidenz Grotesk

Reproduktion
Palino cross media, Ostfildern-Ruit

Papier
Galaxi Supermat 200 g/m^2

Buchbinderei
Verlagsbuchbinderei Dieringer, Gerlingen

Gesamtherstellung
Dr. Cantz'sche Druckerei, Ostfildern-Ruit

© 2005 Hatje Cantz Verlag, Ostfildern-Ruit, und Autoren
© 2005 für die abgebildeten Werke: Ann Mandelbaum

Erschienen im
Hatje Cantz Verlag
Senefelderstraße 12
73760 Ostfildern-Ruit
Deutschland
Tel. +49 711 44 05-0
Fax +49 711 44 05-220
www.hatjecantz.de

ISBN 3-7757-1655-6 (deutsch)
ISBN 3-7757-1708-0 (englisch)

Printed in Germany

Umschlagabbildung: *Vestige #11a*, 2004

AUSSTELLUNG

Canal de Isabel II
Salon de Exposiciones
Santa Engracia, 125
28003 Madrid
Spanien
Tel. +34 91 545 10 00
www.cyii.es

Leitung
Victoria Combalía

Gestaltung
Lluís Pera

Organisation
Mª Jesús de Andrés
María Carrillo

Koordination
Adriana Rexach

Restauratorische Betreuung
Elena Saúco

Kunsthalle Göppingen
Marstallstraße 55
73033 Göppingen
Deutschland
Tel. +49 71 61 65 07 77
Fax +49 71 61 2 76 72
www.kunsthalle.goeppingen.de

Leitung
Werner Meyer

Ausstellungskonzept
Ann Mandelbaum, Annett Reckert

Ausstellungstechnik
Achim Riedel

Museumspädagogik
Melanie Ardjah & Team

ANN MANDELBAUM

geboren 1945 in Wilkes-Barre, Pennsylvania
lebt und arbeitet in New York

Ann Mandelbaum hat ihr Werk bislang in zahlreichen internationalen Einzel- und Gruppenausstellungen gezeigt. Hervorzuheben sind zwei Wanderausstellungen, die jeweils von umfangreichen Publikationen begleitet wurden: 1994 Frankfurter Kunstverein, Frankfurt am Main; Westfälischer Kunstverein, Münster; Espace Photographique Contretype, Bruxelles; Grey Art Gallery, New York. 1998 Center for Creative Photography, University of Arizona, Tucson; Fotomuseum, Münchner Stadtmuseum, München; Stadtgalerie Saarbrücken; Musée de l'Elysée, Lausanne; AR/GE Kunst, Bozen/Bolzano; Southeast Center for Contemporary Art, Winston-Salem.

Kunstmuseum Mülheim an der Ruhr
Viktoriaplatz 1
45468 Mülheim an der Ruhr
Deutschland
Tel. +49 208 45 54 171
Fax +49 208 45 54 134
kunstmuseum@stadt-mh.de
www.kunstmuseum-mh.de

Leitung
Beate Ermacora

Ausstellungskonzept
Ann Mandelbaum, Beate Ermacora

Sekretariat
Elke Morain, Sandra Vella

Verwaltung
Lothar Kronenberg

Ausstellungstechnik
Klaus Hajek, Heiner Riemer

Museumspädagogik
Gerhard Ribbrock